빛깔있는 책들 283

호식장

글·사진 | 김강산

대원사

저자 소개

김강산

강원도문화재 전문위원·태백문화원장·국사편찬위원회 사료조사위원·독립기념관 자료조사위원·국가기록원 민간기록조사위원을 지냈으며, 현재 태백향토사연구소장·한국문화역사연구원장으로 있다.
저서로는 『호식장』·『우리고향 태백』·『태백의 지명 유래』·『태백의 어제와 오늘』·『백경문』·『영산 태백』·『사조동 지명지』·『태백시지』 공저·『내고향 태백』·『태백의 제당』 등이 있으며, 「오금잠신고」·「동해척주비문과 미수축려문의 고찰」·「죽령현고」·「진또배기와 짐대배기의 어원적 고찰-연오랑과 세오녀가 일본으로 간 까닭」·「햇대고-태백산 사길령 산령각 문건 연구」·「한강 발원지의 역사적 논란에 대한 검토-아라리의 기원과 어원에 관한 연구」 외 다수의 연구 논문이 있다.

차 례

호식장

머리말

우리나라는 산이 많은 곳이다. 국토 대부분이 산악으로 되어 있고 평야 지대는 적은 편이다. 대부분 사람은 평지에 모여 살고 산지에는 화전민의 후예들이 살고 있다.

산악지대에 살고 있는 사람들은 열악한 생활환경으로 항상 빈곤하며 자연과의 싸움으로 늘 불안정한 생활을 해왔다. 특히 산악지대에는 무서운 짐승들이 많아 사람과 자주 마주쳐 피해를 주었는데, 그 가운데 범은 인간에게 최대의 적이었다.

태백산맥의 모산(母山)인 태백산을 중심으로 사방 200~300리 되는 지역 안에는 예로부터 화전민들이 많이 살았다. 약 45년 전, 그들의 생활과 풍습을 찾아 산속 마을을 답사하던 가운데 태백산을 중심으로 한 수백 리 지역 안에 '호식장(虎食葬)'이라는 독특한 장례 풍속이 있었다는 촌로들의 이야기를 듣게 되었다. 호식장이란, 범이 사람을 잡아먹고 난 후에 남긴 유구(遺軀)를 거두어 장사(葬事)하는 것을 말한다.

범은 사람을 잡아먹을 때 몸뚱이와 팔다리는 모두 먹고 머리만 남겨둔다고 한다. 유족들이 그 머리를 발견하고는 그 자리에서 화장해 그 위에 돌무덤을 쌓고 그 위에 시루를 엎어 놓으며, 그 시루 구멍에 가락을

꽂아 놓는 특이한 형태의 무덤(호식총(虎食塚))을 만드는 것이 호식장례
법(虎食葬禮法)이다.

범이 사람을 물고 가서 잡아먹은 곳을 '호식터' 혹은 '호람(虎嚙)터'라
고 한다. 다른 곳에 비해 태백산 지역에는 호식총의 분포도가 높은 지역
으로, 그 유지가 남아 있음을 확인하게 되었고 이를 정리하고자 마음먹
었다.

이름 없이 죽어간 많은 사람의 영원한 유택(幽宅)인 호식총의 원형을
기록으로 남김으로써 선인들의 생활관과 신앙관, 운명관 등을 엿볼 수
있으리라 본다. 아무도 관심 가져 주지 않는 산간 오지의 '사람과 범의
먹히고 잡히는 처절한 숨은 이야기'는 선인들의 원초적 삶 이면을 보여
주는 것이다. 지금은 범이 남한에서 멸종되었다 하여 그런 일이 없으니
하나의 흘려버릴 이야기로서 일고의 가치도 없는 것이라고 할지 모른
다. 그러나 거기에는 사람들의 처절하다 못해 숭고한 삶이 숨어 있다.

호식터는 전국적으로 분포되어 있으나 산악지대에 집중적으로 퍼져
있다. 여기에서는 태백산을 중심으로 태백, 정선, 영월, 동해, 봉화, 울진
등 7개 시군을 조사 대상 지역으로 삼았고, 여타 지역은 위 지역과 대동
소이하리라 본다. 또한 이 글에서는 인간과 범의 여러 가지 이야기를 담
았고, 풍수지리설과 호식의 연관성, 호식장의 연구와 범에 대해 일면 숭
배하며 일면 대항한 인간의 양면성 등에 대해 연구하였다.

호식

‘호환(虎患)’은 인축(人畜), 즉 인간이 범에게 당하는 환난을 말한다. ‘호식(虎食)’은 사람이 범에게 잡아먹히는 것을 말하는데, ‘호사(虎飤)’ 또는 ‘호람(虎囕)’이라고도 한다.

우리나라에서 가장 무서웠던 맹수는 범이다. 때문에 예부터 범에 대한 피해가 극심했다. 무기가 없는 인간에게 범은 숙명적 먹이 사슬의 전횡자며 신이나 다름없는 절대적 존재였다. 그러기에 민간에서 범을 산신으로 숭배하기도 하고, 또는 신의 사자(使者)로 보는 것이다. 그러한 범을 사람은 맨손으로는 도저히 당할 수 없으며 인광(燐光)이 흐르는 범의 눈빛만 봐도 기절하고야 만다. 산악이 많은 우리나라에는 범이 많았고 그로 인해 범에게 당하는 피해가 많았다.

중국의 대문호인 노신(魯迅)은 우리나라 사람을 만나면 먼저 범 이야기와 호환에 대해 물었다고 하며, 구한말 프랑스 기자가 우리나라에서 취재하여 프랑스 신문에 게재한 삽화 중 호환에 대한 그림이 상당수가 있는 것을 보면 우리나라에 범의 피해가 얼마나 많았는지를 짐작할 수 있다.

우리나라는 산이 많다 보니 범이 서식하기에 좋은 환경이다. 자연스

호환　일본이 한국인에게 무기 소지를 금지한 다음부터 사냥꾼 손아귀에서 벗어나게 된 호랑이들은 한국인의 공포 대상이 되었다. 일본은 한국인이 무력 폭동이라도 일으킬까 봐 한국의 무기 수입은 물론 한국인의 무기 소지를 금한 것이다. 그러나 이 조치는 대단히 끔찍한 예기치 못한 사태를 불렀다. 사냥이 불가능해지자 육식을 즐기는 맹수의 수가 급격히 증가해 우리나라 전역에 피해를 끼쳤다. 들판에서는 거의 매일같이 늑대와 호랑이가 출현했기 때문에 맘 놓고 여행을 떠나기도 힘들 지경이었다. 어떤 마을에서는 심지어 며칠 동안 호랑이가 끊이지 않고 출몰하며 33명이 공격을 받기도 했다. 위 사진은 큰 호랑이 두 마리가 민가로 뛰어 들어와 남자를 물고, 어린아이를 채가는 모습이다. (≪르 프티 주르날≫, 1909년 12월 12일 자, 프랑스)

럽게 범에 대한 악해(惡害)가 많았고, 잡아먹히는 사람도 많았다. 호식되어 간 곳은 대개가 산 능선이 끝나는 곳 또는 고갯마루 등이 많고, 같은 산 밑이라도 벌판에서는 호식되어 간 예가 적다.

"범에 물려 갈 놈", "범이 물어 갈 놈"이라는 악담이 있다. 그만큼 범이 무섭기에, 호식을 겁냈기에 그런 말이 나왔을 것이다. 콜레라를 '호열자(虎列子)'라 한다. 범이 얼마나 무서우면 전염병 이름에도 들어 있을까. 인왕산에서 범이 나타나 서울 백성들을 물고 갈 정도면 산골에서는 얼마나 많은 사람이 호식되어 갔을까.

태백산맥을 중심으로 한 산간마을의 호식되어 간 실태를 조사하여 범에 대한 민간의 신속(信俗)과 사례, 분포 등을 밝혀 보며 사람과 범의 숙명적 관계를 알아본다.

범

범은 고양이과 동물 가운데 가장 큰 맹수로 몸길이 3m, 몸무게 300kg가량 되는 거구다. 범은 크게 줄범(호랑이)과 돈범(표범)이 있는데, 우리 민족은 이들 범을 예로부터 산신의 사자로 보거나 산신 그 자체로 보아 몹시 두려워했다.

우리 민족은 호(虎)를 '호랑이'라고 부르기보다는 '범'이라고 부르기를 좋아한다. '호랑이' 하면 줄범만 지칭하는 말인 데 반해 범은 줄범과 돈범을 함께 부르는 말이다. 그래서 호랑이나 표범 등을 한 종으로 보고 그것들을 확실히 구분지어 부르기보다는 '범' 하면 호랑이나 표범 모두를 일컫게 되는 것이다. 때문에 민간에서는 호랑이나 표범이나 시라소니 등을 모두 '범'이라고 통칭하며, 그것들을 종자가 다른 것으로 보지 않고 같은 종으로 본 것이다. 예를 든다면, 범은 새끼를 낳으면 세 마리를 낳는데 처음 것은 줄범이요, 그다음 것은 돈범이며, 세 번째는 개갈가지(시라소니, 삵가지)라고 믿었다. 또 다른 예로는 줄범은 수놈이요, 돈범은 암놈으로 보기도 한다. 그래서 우리 전통 민화에 보면 줄범과 돈범이 함께 있는 그림이 많은데, 이것은 앞에서 말한 것처럼 한 어미의 새끼로 보거나 암수의 관계로 보는 관점에서 그린 것이기 때문이다. 줄범은 '갈범' 혹은 '칡범'으로 부르기도 하고, '돈범' 혹은 '미나범'은 표범을 이르는 말이며, 시라소니는 '개갈가지' 또는 '갈가지', '삵가지' 등으로 부른다. '호랑이'란 말은 '호랑(虎狼)이'에서 온 듯하며 한자 표기인 데 반해 '범'은 순우리말이다.

우리의 옛날이야기에 「해와 달이 된 오누이」가 있다. 고갯길에서 떡장수 아주머니를 잡아먹은 범이 여인의 옷을 입고 여인의 집에 가서 아이들에게 엄마라 속이고 막냇동생을 잡아먹는다. 남은 오누이는 마당의 큰 나무 위로 쫓겨 올라간다. 범이 어떻게 올라갔느냐고 물으니 오누이는 참기름을 바르고 올라왔다고 말한다. 미끄러져 실패한 범은 다시 어떻게 올라갔느냐고 물으니 철없는 동생이 도끼로 찍으며 올라오면 된다고 말했다. 이에 범이 도끼로 나무를 찍으며 올라오니 오누이는 하늘에 빌어 동아줄을 타고 하늘로 올라가 해와 달이 됐다는 것이다.

너무나 널리 알려진 이야기이다. 이 이야기에서 처음 범이 참기름을 바르고 올라오다가 미끄러진 대목은 줄범을 말하는 것으로 볼 수 있고, 나중에 도끼로 나무를 찍어 홈을 내어 올라오는 대목은 돈범을 의미한다고 볼 수 있다. 줄범은 나무에 오르지 못하나 돈범은 나무에 오를 수 있기 때문이다.

범이 물어 갔다고 하면 호랑이인지 표범인지 구분이 되지 않는 것도 우리 민족에게만 있는 일이다. 태백산을 중심으로 한 인근 지역의 촌로

군호도(群虎圖)　줄범과 돈범이 함께 어우러져 있는 그림이다. 여기서도 줄범과 돈범
은 암수 관계 또는 한 형제의 의미가 있고 머리는 돈범이고 몸체는 줄범인 것을 볼 수
있는데, 이것만 봐도 선인들은 호랑이와 표범을 굳이 분리해 부르지 않았음을 알겠다.
(에밀레박물관 소장)

들을 만나 보면 줄범이나 돈범은 같은 종류 또는 암수 관계로 말하는 것을 알 수 있다.

앞으로 이 글에서 '범'이라고 하면 줄범과 돈범을 함께 지칭하는 말이며, 굳이 구분하여 부르지 않겠다. 왜냐하면 이들 두 종류의 범이 사람을 해치는 데 어느 쪽이 사람을 잡아먹어도 그것을 호식이라고 하며, 현지의 촌로들도 그것을 구분하지 않기 때문이다.

범의 피해(호환)

박지원의 「호질(虎叱)」에 보면 "범은 사물의 이치에 통달하여 현명하며 문무를 겸비하고 부자간의 정애(情愛)가 돈독하며 지혜롭고 인자하고 씩씩하여 용맹스러우며 몹시 사나워 천하에 당할 자가 없다(虎睿聖文武慈孝智仁雄勇猛天下無敵)."라고 했다. 과연 범은 백수(百獸)의 왕으로 거칠 것이 없는 절대적인 존재로, 모든 동물과 사람에게 공동의 적인 것이다.

우리나라에서 가장 무서운 맹수는 범이고 그 이상 가는 맹수는 없다. 그 범에게 우리는 많은 피해를 입으며 살아왔는데, 우리나라에는 범이 유난히 많았다. 그 이유는 산악이 많아 범이 서식하기에 좋은 환경이기 때문이다.

이규경의 『오주연문장전산고(五洲衍文長箋散稿)』(조선 시대, 헌종)에 보면 "우리나라의 시골 산간에는 범의 환난이 많아 밤에는 감히 밖에 나가지 못하고 곡식을 거두어들이기도 힘들다. 속칭 '호람(虎嚂)'이라 하여 범이 사람과 가축을 잡아먹으니 백성들이 안심하고 살 수가 없다(我東鄕谷多虎豹之患夜不敢出黎藿不採俗稱嚂食人畜民不聊生)."라고 했으니, 길을 가다가 밭을 매다가 나물을 뜯으러 가거나 또는 나무하러 가서 얼마나 많은 사람이 범한테 잡아먹혔겠으며, 집에서도 물려 가는 경우가 얼마나 많았을 것인가. 서울 근교의 인왕산에서 범이 출몰하며 사람을 물고 갈 정도면 태백산맥의 깊은 산골에서는 그 얼마나 많은 사람이 이름 없이 소문 없이 속절없이 죽어갔겠는가.

사람은 동물 가운데 가장 느리다. 범은 동물 가운데 가장 무섭고 날쌔고 힘이 센 짐승이다. 그렇기에 범이 마음만 먹으면 언제든 사람을 잡아먹을 가능성이 있다. 무기 없는 사람에게 범은 절대적이요, 신과 같은 존재다. 인광이 흐르는 범의 눈빛만 봐도 실신할 정도로 속수무책이며 숙명적인 존재인 것이다.

『증보문헌비고(增補文獻備考)』에 보면 백제 온조왕 13년에 다섯 마리의 범이 성 안으로 들어온 기록이 있으며, 고려 현종 11년 9월에는 범이 성에 들어와 사람을 물어 상하게 하였다는 기록이 있다. 『조선왕조실록』을 보면 태종 2년에 경상도에서 범에게 물려 죽은 자가 수백 명이라는 기록이 있고, 중종 19년에는 황해도에서 범에게 상한 자가 40여 명이나 된다고 하였으며, 영조 19년에는 평안도 강계에서 20여 명이 범에 물려 죽었다고 되어 있다. 또한 영조 28년에는 범이 경복궁 후원에 들어왔으며, 30년에는 경기도 지방에 한 달 동안 범에게 물려 죽은 자가 120여 명이나 되었다는 기록이 있다. 이와 같이 우리나라는 예로부터 범에 대한 피해가 극심하였으며, 민간에 무기를 소지하지 못하게 하여 그 피해는 더욱 늘어났다. 문헌에 나타난 사실은 빙산의 일각도 안 되는 사례이며, 실제로 소문 없이 죽어간 산간벽지 백성들의 죽음은 너무나 많았을 것이다.

조사한 바로는 태백산맥을 중심으로 퍼져간 산기슭에 위치한 모든 산간마을에 호환의 사례가 없는 곳이 없을 정도로 많은 호식터가 분포되어 있다. 얼마나 많은 사람이 범에게 화를 당했으면 범이 이 땅에서 사라진 지 수십 년이라 하는데 아직도 그 기억이 생생할까. 전해주는 촌로들의 이야기는 과거의 전설이 아니라 지금도 살아 숨 쉬는 전율(戰慄)의 사실로 느껴진다.

범의 피해　두 손이 묶인 채 끌려가던 두 명의 남자가 갑자기 나타난 범 덕분에 도망칠 수 있었다. 이들은 평소에 산신을 잘 믿었던가 보다. 이렇듯 범은 틈만 있으면 사람을 공격하는 공포의 대상이었다. (≪르 프티 주르날≫ 게재, 프랑스)

호환의 사례

산을 중심으로 태백, 정선, 영월, 삼척, 봉화 등과 기타 지역에서 범에게 물려 가거나 피해 입은 사례를 조사하였다. 중복되는 것은 빼고 되도록 다양한 호환의 사례를 수록하였다. 그 속에는 우리 조상들의 사고를 알 수 있는 숙명적인 내세관과 신앙관을 엿볼 수 있으며, 앞으로 전개되는 전체 줄거리에 참고가 된다. 또한 이 사례는 거의가 조사 당시 40여 년 전에 생존해 있는 노인들에게 들은 이야기이다. 멀리는 100년 전, 가깝게는 40여 년 전의 일이다.

〈사례 1〉 태백시 백산 닭으실 호식

번지당골의 제당에서 소를 잡아 산신제를 올리고 희생물(소)을 마을 사람들이 나누어 가졌다. 닭으실에 살던 오 씨가 받은 고기를 집에 가져와 작다고 마당에 집어 던졌다. 개가 그 고기를 먹었다. 그날 밤 그 집 며느리가 범에게 물려 갔다. 누군가가 말했다. "감히 분배받은 희생물(소고기)을 개에게 주다니 산신의 노여움을 사서 며느리가 대신 호식되어 갔어."라고.

〈사례 2〉 태백시 동점 방터골 호환

방터골에 살던 동촌네 할멈(103세, 작고)이 부엌에서 저녁밥을 짓고 있었다. 갑자기 범이 나타나 집의 기르던 개를 물고 가는 것이었다. 할멈은 얼른 개 뒷다리를 잡고 "놔라! 놔라!" 소리치니 범이 놓고 가버렸다. 그날 밤 여나믄 살 먹은 아들이 갑자기 발광하며 악을 쓰더니 죽어버렸다. 아들의 목에 범이 물은 것 같이 검은 반점이 범의 이빨 자국처럼 나타나더니 죽은 것이었다. 이것은 산군(山君, 범)이 먹을 걸 가져가는 데 방해한 벌이라는 것이다. 죽은 개는 돌담 속에 묻었는데, 밤에 범이 와서 담을 헐고 가져갔다.

〈사례 3〉 태백시 창죽 장군 화장터

조대장터골 어귀에 김씨 성을 가진 힘이 장사인 사람이 살았다. 가을에 갈풀을 할 때 40여 명이 풀을 져도 혼자서 하루 종일 그 많은 풀을 다 썰어 버리는 기력의 소유자였다. 그래서 마을 사람들은 그를 김 장군이라 불렀다. 김 장군은 눈썹이 유난히 길었다. 옛말에 눈썹이 길면 호식당해 갈 상이라는 말이 있다고 사람들이 말하니 크게 웃으며 그런 소리 말라 하였다. 그날 낮에 까마귀가 몹시 울었다(까마귀가 울 때는 범이 있다고 한다. 또는 범은 까마귀를 데리고 다닌다고도 함.).

그날 김 장군은 집 앞 개울가에서 나무를 하다가 허리띠를 풀어 헤쳐 놓고 늘어지게 낮잠을 자고 있었다. 갑자기 범이 나타나 앞발로 김 장군의 배를 찍어 당겼다. 놀라 일어난 김 장군은 범과 마주 엉겨 붙어 싸웠다. 범이 한 번 넘어지면 김 장군도 한 번 넘어지고 뒤엉켜 구르며 소리치며 싸웠다. 근처에 있던 아내가 달려와 보니 남편과 범이 한 덩어리가 되어 뒹구는 것이었다. 김 장군은 아내에게 빨리 낫이나 도끼를 좀 던져 달라고 했다. 그러면 범을 죽일 수 있다고 말했다. 그러나 여자는 겁에 질려 옆에 있는 낫이나 도끼를 집어 던지지 못하고 멀리서 부들부들 떨다가 윗마을로 사람들을 부르러 가는 것이었다. 김 장군이 소리치며 사람 데리러 갈 것 없이 낫이나 도끼나 아무것이라도 나에게 던져 주면 된다고 악을 썼다. 그러나 여인은 그것을 못 하고 윗마을로 구원을 청하러 가고 말았다. 윗마을로 달려간 여인은 마을 사람들에게 남편이 범하고 싸운다고 하였다. 마을 사람들이 동원되어 낫과 도끼, 창 등을 들고 달려왔다. 그러나 그때는 범과 싸우다 힘이 빠진 김 장군이 다 뜯어먹히고 머리만 남은 뒤였다. 그곳에서 화장하고 돌담을 치고 시루를 엎으니 사람들은 '장군 화장터'라고 불렀다.

〈사례 4〉 태백시 문곡 편뜰 호식

40여 년 전 편뜰에 살던 대씨 집안의 여자아이가 범에게 물려 갔다. 며칠 전부터 여아는 장세마골 산등을 쳐다보며 자꾸 슬피 울더란다. 집에서는 아이가 어디 아픈가 하면서도 별일 없겠지 하며 신경을 쓰지 않았다. 그날 아버지는 춘양장에 가서 청염(靑鹽, 청소금)을 한 포 사서 지고 와 피곤하여 잠시 누웠고, 어머니는 방앗간에서 보리를 찧고 있었다. 그때 갑자기 방문이 버석 부서지는 소리와 함께 범이 나타나 아이를 눈 깜짝할 사이에 물고 갔다. 장세마골 산등에서 아이를 잡아먹고 머리만 남겼는데, 범이 혀로 머리를 싹싹 빗어 왼 가름배(가르마)를 지어 바위 위에 달랑 올려놓았더란다. 그 자리에서 화장하고 시루를 엎었다.

〈사례 5〉 태백시 동점 돌꾸지 부엉지 호환

돌꾸지(돌개치)에 농가가 있었다. 저녁에 여인이 부엌에서 밥을 짓는데 딸과 함께 있었다. 범이 부엌으로 들어와 아이를 물고 가자 여인이 소리치며 아이의 발목을 잡고 당겼다. 범과 물고 당기는 실랑이를 하다가 범이 아이를 놓고 가버렸다. 죽은 아이를 화장하였다.

〈사례 6〉 태백시 동점 수지골 호환

수지골에 유 대장(유씨 대장장이)이 살았다. 그 집 할미가 뒷간에 갔는데 범이 나타나 물고 깔고 앉았다. 비명을 듣고 달려간 유 대장이 버들창(유엽창(柳葉槍))으로 범을 찔렀다. 창끝이 휘며 박히지 않고 범은 달아나 버렸다. 죽은 할미를 화장하였다. 시루를 엎었다.

〈사례 7〉 태백시 동점 방터골 고사리밭등 호식

낮에 고사리밭등 화전에서 귀리를 베기 위해 아낙이 혼자 일을 하고 있었다. 건너편 떡갈등에서 어떤 사람이 바라보니 얼룩얼룩한 범이 귀리밭을 여러 차례 들락날락하더니 아낙을 물고 갔다고 한다. 범이 시간을 맞추기 위해 들락거리며 시간을 끌었다고 한다. 사람을 잡아먹어도 때가 돼야 한다는 것이다. 화장하고 돌무덤을 쌓았다. 멋모르고 그 돌무덤 옆에서 누군가가 낮잠을 자다가 가위에 눌려 혼난 적이 있다고 한다.

〈사례 8〉 태백시 화전(禾田) 뺑뒤 호식터

용연동에 큰 집이 있었다. 여나믄 살 먹은 그 집 아이가 집 앞의 커다란 측백나무를 쳐다보며 자꾸 울더니 범에게 물려 갔다. 범은 뺑뒤로 물고 가 뜯어 먹고 머리만 남겼다. 측백나무 건너편에는 범바위라는 큰 바위가 있는데 아마도 그 아이는 나무 너머 그 바위를 바라보지 않았나 생각된다. 아니면 측백나무에 돈범이 숨어 있지 않았나 한다.

〈사례 9〉 태백시 동점 구무골 호식

고수골에 살던 이 씨 딸이 사군다리에 심부름을 나오다가 구무골 어귀에서 범에게 물려 갔다. 다 큰 처녀로, 곧 시집갈 나이였다.

〈사례 10〉 태백시 동점 사군다리 호환

사군다리에 까치골 댁 황 씨가 술장사를 하고 있었다. 그 집에는 큰 봉놋방이 있어 동네 사람들이 모여 회의하고 11명이 한방에서 자게 되었다. 밤중에 범이 나타나 안쪽에서 자는 박태준(120살 정도, 작고) 씨의 발목을 물고 무려 일곱 사람의 배 위로 끌고 나가는 것이었다. 문지방 밑에서 자던 정걸 영감이 잠결에 뭔가가 배 위로 넘어가는 느낌을 받고 깨어 보니, 범이 박 씨를 물고 끌고 가는 것이었다. 정걸 영감은 얼른 박 씨의 남은 발목을 잡고 당기며 범이라고 소리쳤다. 나머지 사람들도 일어나 소리치며 범에게 화로를 집어 던지는 등 법석을 떨자 범은 그냥 가버렸다. 그때 박 씨는 범에게 발등과 복상씨뼈 부근을 물려 그 후로 잘 속잘속거리며 걷게 되었다.

10여 년 후 박 씨는 찔룩거리는 다리를 이끌고 뺑태칸 산제당골 부근에 나무를 하러 갔었다. 벼랑에 자란 큰 나무를 걸터타고 그 나무를 도끼로 찍어 넘기다가 나무가 넘어가며 함께 넘어가 벼랑에서 떨어져 크게 다쳤다. 사람들이 발견하여 집으로 업어 와 치료하는데 피를 너무 많이 흘러 그날 밤 죽고 말았다. 그때 그곳에는 동네 사람들이 많이 모여 박 씨의 임종을 함께 지켜봤다. 그런데 박 씨가 죽자 갑자기 집 주위에 살기가 돌며 무서움이 엄습해 왔고, 그 많은 사람이 공포 분위기에 휩싸여 밖에 소변보러도 못 나갔다. 밤새도록 뜬눈으로 지새운 사람들이 날이 밝아 나가보니 집 주위에 범 발자국이 무수히 찍혀 있었다. 사람들은 박 씨가 호식되어 갈 팔자라서 범에게 물리게 되었고, 뺑태칸에서 낙상하였으며, 죽게 되자 범이 와서 데려가려고 그랬다는 것이다.

〈사례 11〉 정선군 고양리 스므골 가메소래이 호식

문곡리 쪽에서 신부가 가마를 타고 스므골 쪽으로 넘어오는데 범이 나타났다. 신랑, 가마꾼 상객이 모두 도망가고 신부만 남아 범이 잡아먹었다. 얼마 전까지도 고무신과 비녀까지 현장에 시루와 함께 남아 있었으나 지금은 시루가 깨어져 버렸다.

〈사례 12〉 정선군 증산리 발전 아래골 호식

발전에 살던 남자가 짚신을 삼고 있었다. 똥이 마렵다고 변소에 갔다

와서는 마루에 쭈구리고 앉아 처마의 서까래를 치세고 내리세는 것이었다. 사람들이 뭘 하느냐며 빨리 들어오라고 했다. 계속 서까래를 치세고 내리세더니 범에게 물려 갔다.

〈사례 13〉 정선군 무릉리 멀미 호식

멀미에 아이 밴 여인이 있었다. 밤에 누군가가 부른다며 자꾸 밖으로 나갔다 들어왔다 여러 차례 하는 것이었다. 마지막엔 변소에 간다고 나와서는 신발을 거꾸로 신었다가 바로 신었다가 하더니 범에게 물려 갔다. 범은 여인을 물고 가다가 뱃속에 든 아이는 꺼내어 도랑 가에 놔두었고, 여인만 산죽밭 돌더미 큰 너래바위 위에서 잡아먹고 머리만 남겨 놓았다.

〈사례 14〉 정선군 증산리 자미골 호식

자미골의 노인이 골짜기 안쪽 생기골에 소 여물통인 구유를 파러 갔다. 큰 나무 속을 자귀로 파내는데 범이 나타났다. 노인은 급해서 파고 있던 구유를 엎어 놓고 그 속에 숨었다. 범이 다가와 구유를 굴려 뒤집으려고 구유 밑으로 발을 집어넣었다. 노인은 자귀로 범의 발을 내리찍었다. 그러나 그보다 빨리 범은 발을 쏙 빼버렸다. 범이 다시 발을 집어넣으면 노인은 자귀로 내리치고 그보다 빨리 범은 발을 빼버리고… 이러기를 수십 번, 그만 범은 가버렸다. 얼마나 있다가 노인은 집으로 돌아왔는데 그 몰골이 말이 아니었다. 상투는 풀어지고 옷은 찢어져 넝마가 되었고, 사색이 된 노인의 얼굴은 귀기(鬼氣)가 흘렀다. 이미 혼이 반쯤 빠져 버린 것이다.

이튿날 노인은 다시 산으로 가려고 나섰다. 파던 구유를 마저 파야 한다는 것이었다. 주위에서 말리며 가지 말라고 해도 듣지 않고 부득부득

가버렸다. 그길로 범에게 잡아먹혔다. 사람들은 범이 또는 창귀가 불러서 갔다는 것이다.

〈사례 15〉 삼척군 이천리 자근다리 칼고디 호식

이천리의 신기 마을에 머슴이 있었다. 아직 장가를 가지 못한 떠꺼머리총각 머슴이었다. 그날따라 머리를 새파랗게 빗어 둘레머리를 하고 청승맞게 소리를 하며 짚신을 삼고 있었는데, 범이 나타나 칼고디(검봉산(劍峯山))로 물고 가 잡아먹었다.

〈사례 16〉 삼척군 축천리 북다랭이골 절터 호식

절터 부근에 집이 있었다. 장정 다섯이 놀다가 함께 한방에서 잠을 잤다. 밤에 범이 나타나 문 앞의 사람을 놔두고 가운데 자는 사람을 물고 갔다. 두 사람이나 건너 가운데 자는 사람을 물고 갔으니 팔자소관이라는 것이다.

〈사례 17〉 삼척군 마차리 연화골 호식

연화골 애기쏘(일명 여기소(女妓沼))에서 시집갈 나이가 된 처녀가 목욕하고 있는데 갑자기 범이 나타나 처녀를 물고 10여 미터 떨어진 범바우로 가서 잡아먹었다. 사라호 태풍 때 시루와 돌무덤이 떠내려가고 지금은 돌 몇 개만 남아 있다.

〈사례 18〉 삼척군 신리 전나무골 호식

불방아골에 총각이 살았다. 진나무골 큰형님 집에 사시던 아버님이 돌아가셨다. 총각은 초상 치르러 큰형님 집에 가서 상복을 입고 곡을 하다가 잠시 뒤꼍에 볼일 보러 나갔다. 갑자기 나타난 범에게 물려 가 잡

뒤쪽의 폭포 밑에서 목욕하던 처녀가 손가락으로 가리키는 곳으로 물려 와 뜯어 먹히고 머리만 남았다. 화장한 돌무덤이 있었으나 사라호 태풍 때 유실되었다.

아먹혔다.

〈사례 19〉 삼척군 신리 장상골 호식

장상골 어귀에 사는 시집온 지 얼마 안 되는 새댁을 범이 물어 갔다. 장상골 안쪽에서 잡아먹고 머리만 남겨 두었다. 머리카락을 범이 혀로 싹싹 핥아 왼 가름배(가르마)를 지어 곱게 빗어 놓았더라 한다.

〈사례 20〉 삼척군 추동리 바람부리 굿등 호식

바람부리에 사는 여인이 그날 낮에 밭을 매는데 노래를 청승스레 부르며 눈물을 뚝뚝 흘리는 것이었다. 옆에서 같이 밭을 매던 사람이 왜 그러느냐 무슨 일이 있느냐고 물었다. 그러자 여인은 왜 그런지 자꾸 슬퍼져서 그런다고 하며 멍하니 굿등(물려 가 죽은 곳) 쪽을 바라본다. 그러다가 또 처연한 노래를 자조하듯 부르며 뭔지 모를 시름과 한숨과 눈물을 흘리기를 하루 종일 하였다. 옆에서 같이 밭을 매던 사람들이 공연히 섬뜩한 것이 무서워지더란다(이때 이미 굿등에서 범이 내려다보고 있었거나 창귀가 여인의 혼을 빼어 갔을 것이다.).

저녁때 밭을 다 매고 집으로 오던 여인이 개울가에서 손이나 씻으려고 가니, 이웃집에서 산나물을 삶아 울궈 내느라 옹가지에 담아 둔 것이 보였다. 여인은 문득 산나물이 먹고 싶었다. 두어 재기를 짜서 치마에 싸 집으로 훔쳐 왔다. 산나물을 마루에 내려놓고 돌아서는데 누군가가 자기를 부르는 것이었다. 여인은 자석에 이끌리듯 집 뒤의 굿등으로 올라간다.

남편이 방 안에서 인기척을 느끼고 나와 보니 마루에는 물이 흐르는 산나물만 있고 아내는 보이지 않았다. 뒤꼍에 나와 뒷산(굿등)을 쳐다보니 아내가 뭐라고 중얼거리며 울며 산으로 올라가는 것이 보였다. 퍼뜩 호환을 예감한 남편이 낫을 들고 소리치며 쫓아갔다. 그제사 소름끼치는 범의 울부짖음이 나며 가까이 오지 못하게 위협적으로 포효했다. 그래도 남편은 악을 쓰며 한 발자국 두 발자국 다가갔다. 으르렁대던 범이 여인의 다리를 하나 뚝 떼어 남편에게 던졌다. 뒤이어 범은 피를 뿌렸다. 남편은 기절하고 말았으며 여인은 굿등에서 뜯어 먹히고 머리만 남았다.

산나물, 더덕 등과 같이 산에서 캐 오거나 뜯어 온 물건은 절대로 훔쳐서는 안 된다는 관습이 우리에게 있는데, 그 여인이 산나물을 몰래 훔친 것이 좋지 않았다고 한다. 주인의 허락이 있으넌 몰라도 가민히 훔치는 것은 산신의 노여움을 받는다고 한다.

〈사례 21〉 동해시 신흥동 사학골 서창가이 호식

서창가이에 살던 여인이 저녁에 제사 음식을 장만하기 위해 채를 썰다가 칼에 손가락을 베었다. 피가 흘러 제사 음식에 묻었는데 음식이 아까워 그냥 제사상에 올려 제사를 지냈다. 제사를 지내고 나서 변소에 간다고 나간 여인이 그길로 범에게 물려 가 잡아먹혔다. 이것은 정결해야 할 제사 음식에 피가 묻었으니 부정탄 것이며 그 화로 범에게 물려 간 것이라 한다.

〈사례 22〉 영월군 상동 목적골 호식

신대골 어귀에 집이 있었다. 어미는 방아를 찧고 있었고 그 옆에는 아이가 징징 울며 보챈다. 일하는데 저리 가서 놀라고 해도 계속 보채며 말썽을 부린다. 화가 난 어미는 속이 상해 “저놈의 새끼 범이나 물어 가지.” 하였다. 그러자 곧 범이 나타나 아이를 발로 찍어 마당에 집어 던졌다. 아이가 “엄마! 엄마…….” 하며 부르짖는데 어미는 겁이 나 나서지를 못하고 범은 아이를 목적골로 물고 가서 잡아먹었다.

〈사례 23〉 봉화군 대현리 드르내 어드뱅이 호식

드르내(평천)에 살던 사람이 어드뱅이에 피 베끼러 갔다가 큰 송이버섯을 하나 따왔다. 얼마나 큰지 확 퍼드러진 것이 큰 솥뚜껑만 하고 그것을 째(찢어) 놓으니 큰 함지박으로 하나 가득 되었다. 그 송이버섯을 끓여 먹고 그날 밤 범에게 물려 가 죽었다. 어드뱅이 촛대바우 밑이었다. 사람들은 그 송이를 먹고 화를 당했으니 그 송이버섯의 탈이라 하여 그 송이버섯을 ‘범송이’ 혹은 ‘호랑송이’라 하였다. 호랑송이를 먹고 호식되어 갔다는 것이다.

〈사례 24〉 봉화군 대현리 백천골 호식

백천골에 어떤 사람이 살았다. 장사하러 멀리 갔는데 아내와 머슴이
숲속에서 이상한 짓을 하다가 둘 다 범에게 물려 갔다. 머슴은 잡아먹고
여인은 그냥 두었다.

〈사례 25〉 봉화군 석포리 반야골 삿갓봉 호식

반야골 새미터의 여인을 범이 물고 가 삿갓봉에서 잡아먹었다. 머리
만 남은 것을 화장하였다. 자식들이 복수를 하고자 범이 다니는 길목에
갈티(범 잡는 틀)를 설치하였다. 매번 가보면 갈티는 튀어 있는데 범은
걸려들지 않았다. 밤에 가만히 지켜보니 어머니가 범보다 앞서 오며 갈
티를 설치한 곳에 오더니 "야들이 또 이런 걸 놓아 길을 가로막아 놓았
구나." 하며 툭 치니 갈티가 내려앉아 버리는 것이었다. 어머니가 지나
간 다음 조금 있다가 범이 "어홍" 하며 지나가는 것이었다. 몇 번 그리
하였는데, 밤에 지키던 아들이 어머니(창귀)가 지나간 다음 어머니가 튀
어 놓은 갈티를 얼른 다시 괴어 놓았다. 그리고 숨어 있으니 뒤따라오던
범이 치이는 것이었다. 아들은 얼른 달려들어 범의 배를 갈라 간을 꺼내
어 씹었다. 원수를 갚은 것이다.

〈사례 26〉 영양군 일월면 주치재 호식

주치재에 이씨네가 살았다. 아들이 무척 효성스러웠는데, 어느날 범
이 아버지를 물어 가서 잡아먹었다. 아들이 복수를 하기 위해 범이 다니
는 길목에 송애칼(송이칼)을 놓았다. 번번이 칼만 튀어 있고 범은 잡히지
않았다. 밤에 살며시 숨어서 보니 아버지가 범보다 앞서 오며 송애칼을
보더니 "어이쿠 누가 우리 생원님을 다치게 하려고 이런 걸 놓았나." 하
면서 툭 쳤다. 송애칼이 덜컥 튀며 아버지가 지나간 다음 범이 지나가는

것이었다. 아버지가 창귀가 되어 범의 신변을 보호하는 것이었다. 이를 눈치챈 아들은 다음에 숨어 기다리다 아버지가 칼을 치우고 지나간 다음에 얼른 다시 송애칼을 틀어 놓고 기다리니 뒤에 오던 범이 송애칼에 걸려 허리가 잘려버렸다. 아들은 얼른 달려들어 범의 배를 갈라 간을 꺼내어 씹었다. 아버님의 원수를 갚은 것이다.

〈사례 27〉 울진군 덕구리 응봉산 호환

응봉산 밑에서 두 내외가 꿀밤(도토리)을 주우며 부근에 임시로 거처를 마련하고 주위 모은 꿀밤을 삶아 말리는 일을 했다. 밤에 범이 나타나 아내를 물어 갔다. 임시로 마련한 움막 뒤쪽의 서덜로 물고 가서는 죽이지는 않고 밤새도록 으르다가(고양이가 쥐를 놀리듯) 날이 새니 더 지체하지 못하고 마지막으로 여인의 얼굴을 혀로 썩 핥아 버렸다. 그러자 여인의 입과 한쪽 눈이 휙 돌아가 버렸다. 입은 귀밑까지 돌아가 버렸고, 눈은 옆 이마에까지 밀려 올라가서 까져 버렸다. 그야말로 귀신의 몰골을 한 괴이하고 험상궂은 얼굴이 됐는데, 한번 그 얼굴을 본 사람이면 모두 무서워 달아났다. 그래도 범에 물려 가서 죽지 않고 살아난 것만도 천만다행이었다. 범은 혓바닥에 밤톨만 한 혹이 여러 개 돋아 있어 핥으면 가죽이 벗겨질 정도라 한다. 사람들은 말하기를 범도 사람을 함부로 잡아먹지 않으며 팔자에 없으면 잡아가도 먹지 않는다고 한다.

〈사례 28〉 삼척군 황조리 육백산 호환

여인이 방에서 다리미질을 하다가 범의 습격을 받았다. 순간 화로를 범에게 집어 던졌고, 범은 그대로 여인을 덮쳐 여인은 죽고 범도 털에 불이 붙어 죽었다. 어디 갔다 온 남편이 집에 와 보니 아내와 범이 방 안에 함께 죽어 있었다. 집에 불을 지르고 멀리 떠나갔다.

〈사례 29〉 정선군 덕암리 호환

밤에 산모가 애를 낳았는데 남편이 약을 지으러 고개를 넘어갔다. 산 너머 마을에서 약을 지은 다음 관솔불을 켜 들고 다시 고개를 올라왔다. 고갯마루에 올라서니 반대편 자기 집 쪽 산길을 아내가 징징 울며 머리를 풀어 헤치고 올라오는데 뒤쪽에 범이 따라 오는 것이었다. 남편이 소리치자 범은 불빛을 보고 피하고 산모는 그냥 쓰러져 의식을 잃고 말았다.

범은 사람을 물고 가지 않고 걸려서 앞세워 데려간다고 하는데, 여인이 고개까지 온 것은 범의 힘이었으며 범이 사라지자 혼절한 것이라 한다.

〈사례 30〉 정선군 덕암리 호환

범이 사람을 업고 가서 무덤가에 세워놓고 껑충 뛰며 앞발로 사람의 뺨을 철썩 치는 것이었다. 그러면 사람은 허허 웃고 또 치면 허허 웃고 하더란다. 그것은 범의 힘으로 웃는다는 것이다. 사람은 이미 혼이 빠져버린 상태이고, 사람들이 나타나 소리치자 범은 피해버리고 사람은 혼절해 버렸다.

〈사례 31〉 울진군 전곡동 전내 호식

아주 명당 자리가 있는데 한 가지 흠이 있었다. 그곳에 묘를 쓰면 집안이 번창하는데, 산의 기운이 강하며 호식당해 갈 자리라는 것이다. 그래도 욕심이 나서 묘를 썼는데 가끔 집안에 호식되어 가는 일이 발생하는 것이다. 그래서 그 묘 앞에 시루를 엎어 놓아 재앙을 막고자 한 흔적이 있다. 지금도 깨어진 시루 조각이 흩어져 있다.

〈사례 32〉 태백시 동점 방터골 호환

덕진 영감(김원숙(金元淑), 105세, 작고)이 산에 칡을 캐러 가서 보니 범이 큰 멧돼지를 뜯어 먹고 있다가 사람을 보더니 피하는 것이었다. 덕진 영감이 겁도 없이 칡넝쿨로 돼지를 묶어서 끌고 내려오는데, 범이 되돌아와 멧돼지를 물고 당기는 것이었다. 덕진 영감이 죽기를 각오하고 범과 서로 물고 당기며 실랑이를 하다가 결국 끌고 내려왔다. 집으로 끌고 온 멧돼지는 몇 날을 잘 끓여 먹었다. 그때는 심한 흉년으로 굶주려 칡을 캐서 거우 목숨만 연명할 때라 범도 겁이 나지 않아 죽기 살기로 먹을 것을 보고 덤벼들어 범과 서로 양식 뺏기를 하였다고 한다. 아마도 그때 덕진 영감의 눈빛이 몹시 살기를 띠었으리라. 그 일이 칡 캐기보다 낫기에 그 위험한 일을 했다고 하니 마을 사람들은 죽으려면 무슨 짓을 못 하느냐며 혀를 찼다. 동네 사람들은 덕진 영감을 보고 미련한 사람이라며 산신의 음식을 가로챘으니 반드시 화가 있으리라고 걱정하였다.

이듬해 봄에 고사리밭등에서 화전을 하는데 위쪽에서 돌이 굴러와 덕진 영감의 다리에 맞아 다리뼈가 부러졌다. 그로 인해 1년 이상 고생을 하였는데, 사람들은 산신의 양식을 가로채 산신을 욕보인 죄로 벌을 받아 그렇다고 하였다.

호식총의 분포

사람이 범에게 물려 가 잡아먹힌 것이 호식이요, 범이 잡아먹고 남긴 유구(遺軀)를 발견하고는 그것을 그곳에서 화장하고 그 화장을 한 곳에 돌무덤을 만들며 그 돌무덤 위에 시루를 엎어 놓고 그 시루 구멍에 가락을 꽂아 누는 형태의 무덤이 '호식총'이다. 호식총은 일명 '호사총(虎飤塚)'이라고도 한다. 이러한 호식총이 전국에 허다하나 태백산을 중심으로 한 산간마을에 더욱 많이 분포되어 있다. 이미 오래되어 흔적도 없는

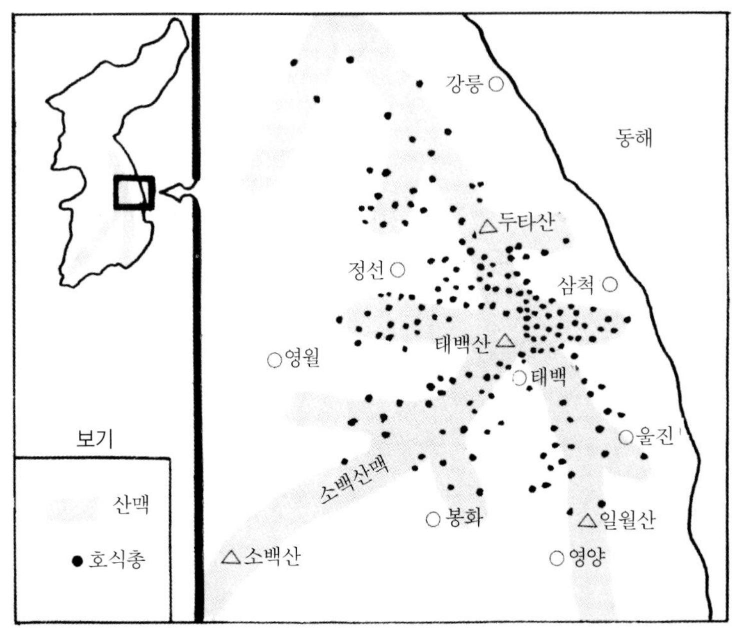

호식총 분포도

곳은 제외하고 작은 흔적이라도 남아 있는 곳을 조사한 결과 태백에 50
여 개소, 정선군에 약 80여 개소, 삼척군에 약 70여 개소의 호식총이 확
인되고 있다. 그 밖에도 봉화·울진 등에 수십 개소의 호식총이 발견되
고 있다.

시 군	호 식 터
태백시	철암동 심도령 텃메기 화장터
	철암동 버들골 설통바우 밑 화장터
	동점동 방터골 고사리밭등 화장터
	동점동 방터골 가장골 화장터
	동점동 방터골 칠가촌에 호식터

시 군	호 식 터
태백시	동점동 구무안 우물둔지골 업둔어미 화장터
	동점동 연화봉 큰구무골 막바지 덫밭목이 호식터
	동점동 연화봉 가운구무골 속등 뼝대 밑 호식터
	동점동 수지골 막장 유 대장네 할미 화장터
	동점동 돌꾸지 부엉지 화장터
	동점동 나팔고개진등 호식터
	동점동 호지터골 호식터(5개소)
	동점동 말바드리 파시골 화장터
	동점동 고수골 새매바위 밑 화장터
	백산 절골 대밭평지 화장터
	백산 번지당골 호식터
	통리 소란부리 끝 화장터
	통리 느릅령 창애골 시루바우 밑 화장터
	통리 호재 공동묘지 옆 화장터
	통리 통골 막바지 화장터
	문곡동 편들 장세마골 속등 화장터
	문곡동 동우리 성구래미 화장터
	장성 매물뜨리 절터골 화장터
	장성 새볕뜨리 홈다리골 화장터
	장성 새볕뜨리 미골 화장터
	금천 뼝개골 속등 화장터
	금천 가장골 화장터
	창죽 조자터골 건너 장군 화장터
	창죽 수화밭골 깨밭양지 화장터

시 군	호 식 터
태백시	화전 적시골 뺑뒤 화장터
	화전 호명골 판장모듬깨 화장터
	화전 호명골 절터골 화장터
	어평 소상골 화장터
삼척군	하장 추동리 갈미봉 중턱에 호식터
	하장 추동리 잼밭굼 꼭대기 뺑애 밑 호식터
	하장 추동리 바람부리 굿등 호식터
	하장 추동리 잼밭굼어귀 호식터
	하장 추동리 새금이 호식터
	하장 대전리 큰밭 화장터
	하장 용연리 용소골 시무골 장등 호식터
	하장 조탄리 역김이골 막바지 호식터
	하장 조탄리 선돌네 뫼등 호식터
	하장 한소리 천제당산 호식터
	하장 한소리 괘병산 호식터
	하장 한소리 절골 막바지 호식터
	도계 신리 작은치골 장등 호식터
	도계 대이리 골말 물골 속등 호식터
	도계 신리 전나무골 호남터
	도계 신리 육백산골 큰평전 호남터
	도계 신리 너뱅이골 막바지 심참봉터 호남터
	도계 신리 장상골 막바지 호남터
	도계 신리 너래코 주배기 호남터
	도계 신리 물방아골 막바지 호남터

심도령 텃메기 호식총　높이 160cm, 둘레 800cm, 길이 280cm, 폭 200cm의 대형 돌무덤 위에 깨어진 시루와 녹슨 가락이 보인다. (동점동)

깨밭양지 호식총　이끼 낀 돌무덤 위에 깨어진 시루가 엎혀 있다. (창죽동)

버들골 설통바우 호식총　큰 암벽 밑에서 범이 사람을 잡아먹었다. 그곳에서 화장하였는데 사람들은 '화장터'라 한다. 몇 개의 돌로 경사진 곳을 쌓았고, 깨어져 조각이 달아난 시루가 보인다. 가락은 아무리 찾아도 없었다.

박심재 곳집등 호식총　바위 밑에 몇 개의 돌이 있고 밑이 빠진 시루가 엎어져 있다. 그리로 나무줄기가 돋아 올라왔다. 가락은 보이지 않았다.

호식과 숙명론

"가정(苛政)은 맹어호(猛於虎)"라는 고사가 있다. 혹독한 정치와 관리의 폭거와 과중한 세금은 범보다 무섭다는 뜻으로, 공자의 이야기다.

태백산 속으로 들어와 살던 화전민 중에는 혹독한 관리의 횡포와 과중한 세금, 노역 등에 쫓겨온 사람들이 많았다. 차라리 숙명으로 생각하고 범에게 잡아먹히더라도 그들은 들〔野〕로 나가지 않았다. 범에게 잡아먹혀도 묵묵히 화전을 일구며 마음의 평화를 구했고, 호식된 상황을 신성함으로 격상시켜 슬픔을 미화해 성스러움으로 바꿨다. 그리하여 산신(범)을 섬기면서 겁내 하며 모든 상황을 숙명으로 돌리고 마음의 평화를 찾는 것이다.

우리나라에는 풍자적이고 해학적인 범 이야기, 착한 범 이야기, 산신령으로서의 범 이야기 등 범에 관한 이야기가 많다. 대체로 범을 좋게 표현하는 내용의 이야기가 주종을 이루고 있다. 사람을 해치고 잡아먹는 무시무시한 범이 우습고 바보스럽고 착하고 인자한 짐승으로 나온다. 미워하고 저주해야 할 짐승이 효성스럽고 위엄스러워 동경의 대상이 된다. 또한 하나도 무섭지 않은 멍청한 범으로, 어리석고 바보스러운 모습으로 묘사된다.

이것은 절대적으로 강한 자에 대한 불가항력에서 나온 좌절이 미움의 도를 넘어 동경과 두려움이 만들어낸 심리 상태라 할 수 있다. 우습고 바보스러운 범의 묘사는 강한 범을 격하시켜 심리적으로 우위를 차지하고 범에 대한 두려움을 없애겠다는 의지가 숨어 있다. 또한 범을 신격화하고 효성스럽고 인자하고 착하게 보는 관점은 강자에 대한 불가항력적 외경스러움으로 점철된 심리를 차라리 숙명적으로 받아들여 인위적으로는 그 위대하고 용맹한 맹수를 당할 수 없기에 신과 인간의 관계로 매듭짓고 체념한 상태로 볼 수 있다.

그렇기에 범에게 잡아먹힌 창귀조차 죽어서도 범의 위세에 눌려 범의 종(노예)이 되는 철저한 굴복의 숙명론을 만든 것이라 본다.

창귀론

창귀란?

범에게 잡아먹힌 사람의 영혼을 '창귀'라고 한다. 『청우기담(聽雨記談)』에 보면 창귀에 대해 "범에게 잡아먹힌 사람의 혼령은 감히 다른 곳으로 가지 못하고 오로지 범의 종(노예)이 되는 것을 창귀라 한다(虎齧人魂不敢適他輒隷事虎名曰倀)."라고 기록되어 있고, 『오주연문장전산고(五洲衍文長箋散稿)』에도 "내가 여러 책을 열람해 보니 범에게는 창귀가 있는데, 이는 사람이 범에게 잡아먹힌 것이다. 호식이란 범이 사람을 잡아먹는 것을 말한다(予覽諸書則虎有倀鬼即人爲虎飮按飮虎食人也)."라고 한 것을 봐도 알 수 있다. 아이든 어른이든 남녀가 범에게 잡아먹힌 뒤 그 혼이 '창귀'라는 귀신이 되어 항상 범 곁에 붙어 다니게 된다.

창귀는 여러 가지 이름이 있는데 박지원의 「호질」에는 굴각(屈閣)·이올(彛兀)·죽혼(鬻渾) 등의 창귀 이름이 보이고, 민간에서는 좀 더 토속적인 창귀 이름이 있다. 창귀를 '산횡사 귀신(山橫死鬼神)'이라고 부르기도 하며, '홍살이 귀신' 또는 '뫼 홍살귀'·'홍살귀'라 부르고, 태백지역에서는 '가물글기' 또는 '가문글기'라고도 부른다.

창귀의 속성

사다리 놓기

범에게 잡아먹힌 사람의 혼이 창귀가 되는데, 창귀는 범의 위세에 눌려 그 집에서 달아나지 못하고 범의 종(노예)으로 일한다. 그래서 그 지옥 같은 위세에서 빠져나오려면 사다리를 놓아야 한다.

'사다리' 혹은 '다리'라고 부르는 이 행위는 창귀가 또 다른 사람을 범에게 잡아먹히게 하고서야 범의 위세에서 빠져나올 수 있다는 것으로, 물귀신과 흡사한 행위인 것이다. 다른 사람을 하나 데려와 창귀 역할을 임무 교대하고 그 굴레에서 벗어나 좋은 곳으로 갈 수 있다는 것인데, 그래서 창귀는 항상 호식되어 갈 사람을 찾게 된다. 첫 번째 창귀는 두 번째 창귀를 만들어 놓고야 범의 위권(威圈)에서 빠져나올 수 있으니 두 번째 창귀도 그리해야 하고 세 번째 창귀도 그리해야 한다. 이와 같은 악순환을 '사다리 놓기' 혹은 '다리 놓기'라고 하는데, 그 일을 창귀가 맡는다고 한다. 그래서 범 물어 간 집과는 혼인을 아니 한다고 하는 것이며, 창귀는 사돈의 팔촌까지 찾아다니면서 해악한다고 한다. 그래서 민간에서는 호식되어 갈 때 반드시 창귀가 사람을 불러내거나 유인하여 범에게 잡아먹히도록 한다고 믿고 있다. 호환의 사례(사례 13, 14)에서 보는 것처럼 자꾸 나가려 한다든가 가지 말라고 해도 자꾸 가려고 하는 것은 창귀가 씌워 창귀가 부르기 때문에 그렇다는 것이다.

창귀는 '창(倀)' 자에서 보듯이 사람〔人〕 가운데 어른〔長〕이다. 창귀가 되는 것도 선택된 사람만이 맞이하는 것으로, 팔자에 있어야 한다는 것이다.

창귀의 식성

창귀는 소라, 골뱅이 등을 좋아하며 신맛의 음식을 좋아한다고 한다.

『호유잡기(湖壖雜記)』에 이르되 "호사(虎師)[1]가 범을 잡는 방법은 양(羊)을 함정 속에 넣어 울게 함으로써 범을 유인하는데, 먼저 소라(청라(靑螺))를 삶아서 부근 산모퉁이와 함정 근처에 흩어 놓는다. 범이 함정 근처에 이르면 앞서오던 창귀가 소라를 보고는 탐욕스럽게 발라 먹느라고 범을 호위하는 일을 잊고 만다. 마침내 범이 홀로 가다가 그만 함정에 빠지게 되면 호사가 묶어 가지고 간다(陸次雲湖壖雜記 虎師捕虎其法 以羊置窄中鳴以相誘煮靑螺斗許遍散山隅虎至倀鬼導之倀見螺貪剔肉妄 爲虎護虎遂孤行卽悞入窄虎師束之以歸)."[2]라고 했고, 또 "어떤 이야기에 창귀는 신 것을 매우 좋아하기 때문에 범이 다니는 길목에 소귀나무(양매(楊梅)) 열매를 흩어 놓으면 창귀가 그것을 주워 먹느라 범을 인도하지 못하게 되고, 필경에는 범이 함정에 빠지게 되니 이를 취하여 잡는다(或說倀鬼嗜酸故布楊梅於虎行處倀拾取不爲虎導竟陷窄中就捕云)."라고 했다. 이렇듯 창귀는 신 열매인 소귀나무 열매나 조매(烏梅) 등을 좋아하며, 소라·골뱅이 등을 좋아한다. 그것이 있으면 먹는 데 정신이 팔려 다른 일은 모두 잊어 버리는 습성이 있는 것이다.

대개 신 음식은 색(色)을 의미하고 소라 등의 음식은 욕(慾)을 의미하니, 창귀의 식성으로 창귀의 성질을 짐작할 수 있다.

창귀는 슬픈 귀신

어느 이야기를 들어 봐도 창귀는 슬픈 귀신인 것 같다. 처연하게 슬피 울며 슬픈 노래를 부르며 다닌다.

약 60여 년 전 삼척군 축천 2리 북달골과 인근 일대 30여 리 떨어진 삽

---

1) 범 잡는 사람
2) 이규경,『오주연문장전산고(五洲衍文長箋散稿)』, 사호변증설(祠虎辨證說)

십골까지 인축(人畜)에 해를 끼치던 범이 있었다. 수많은 가축과 사람이 잡아먹혔는데, 북달골에 살던 의협심이 강한 박춘실(朴春實, 110세가량, 작고)이란 사람이 북달골과 산 장등에 송애칼을 설치하고 범을 잡으려 했다. 그러나 번번이 송애칼만 튀어 있고 범은 잡히지 않아 하룻밤에는 숙직을 하는데, 자세히 보니 창귀가 범보다 앞서 슬피 울면서 애절한 노래를 처연히 부르며 오더란다. 창귀가 송애칼을 보더니 탁 치며 튀어 놓고 지나가고 조금 있다가 범이 지나가는 것이었다. 그래서 박 씨는 다음 날 송애칼을 다시 괴어 놓고 기다리다가 창귀가 지나간 다음 얼른 송애칼을 다시 괴어 놓고 기다리니 뒤이어 오던 범이 지나가다가 송이칼에 치여 허리가 끊어졌다. 한 시간여 동안 몸부림치며 발악하던 범은 죽었고, 그 후부터는 인근에 호환이 없어졌다고 한다.

태백시 문곡동의 편뜰에서 호식되어 간 여아도 잡혀가기 전 먼 산을 바라보며 슬피 울었고, 화전동(禾田洞) 용수골에서 호식되어 간 남자아이도 집 앞 측백나무를 쳐다보며 울다가 잡혀갔다. 삼척군 추동리 바람부리의 여인도 호식되어 가기 전에 밭을 매며 하루 종일 슬피 울며 청승스러운 노래만 불렀다. 이렇게 이유 없이 사람이 슬픈 노래와 서럽게 우는 것은 창귀가 덮어씌워 그렇다 한다.

창귀는 슬픔의 화신이다. 모든 사람에게 슬픔을 준다. 이미 범에게 잡혀갈 팔자라면 창귀가 부르는 소리를 외면하지 못한다. 처연하게 서럽게 울며 범 아가리로 다가간다. 죽음을 숙명으로 여기며 그래서 체념의 눈물을 하염없이 흘리는 것이리라.

창귀의 임무(역할)

창귀는 범에게 붙어 다니며 범의 신변 호위 임무를 맡고 있다. 『오주연문장전산고』에 보면 "그래서 창귀는 항상 범을 따라다니며 길을 인도 한다. 고로 범은 그 소리를 듣고 가기도 하고 멈추기도 한다(而爲倀常隨虎導行故虎聽其行止云)."라고 하였으니 창귀의 역할을 잘 말해주고 있다.

태백지역의 촌로들의 말을 들어 보면 창귀는 항상 범보다 앞서가며 덫이나 벼락틀, 함정 등을 미리 범에게 알려주어 범이 잡히지 않게 한다고 한다. 그래서 먼저 창귀를 따돌려 놓고 범을 잡는다고 한다. 또한 친구의 이름이나 아는 사람의 이름을 많이 외워 그들을 불러내거나 유인하여 잡아먹히게 하고 범의 길 안내를 맡는 것이 창귀의 주된 임무다.

창귀는 죽어서까지 범의 위세에 눌려 범의 위권(威圈)에서 벗어나지 못하고 범을 호위하여 길 안내와 범의 먹이 조달을 책임지는 역할을 한다고 보겠다.

「호질」 속의 창귀 역할

박지원의 한문소설인 「호질」에 나오는 창귀의 이름을 분석하여 창귀의 속성과 역할에 대해 알아본다. 「호질」에는 세 종류의 창귀가 나오는데 '굴각(屈閣)'과 '이올(彛兀)', '죽혼(鬻渾)'이다.

먼저 굴각에 대해 기술한 대목을 보면 "범이 사람을 하나 잡아먹으면 그 귀신이 '굴각'이란 창귀가 되는데, 범의 겨드랑이에 붙어 살며 범을 부엌으로 인도한다. 범이 솥전을 핥으면 주인이 갑자기 배고픈 생각이 나서 밤이라도 아내에게 밥을 지으라 한다(虎一食人其倀爲屈閣在虎腋導虎入廚舐其鼎耳主人思饑命妻夜炊)."라고 했다. 다음은 이올(彛兀)에 대한 기록이다. "두 번째 사람을 잡아먹으면 그 창귀를 '이올'이라 하는데, 범의 광대뼈에 붙어 살며 높은 데 올라가 위험을 살피며 골짜기의 함정이나 덫이 있으면 먼저 가서 그 덫을 벗겨 놓는다(虎再食人其倀爲彛兀在虎之輔升高視虞若谷穽弩先行釋機)."라고 하였으며, '죽혼'에 대하여는 "세 번째 사람을 잡아먹으면 그 창귀를 '죽혼'이라 하는데, 범의 턱에 붙어 살며 평소에 잘 알고 있는 친구의 이름을 많이 외워서 불러내게 한다(虎三食人其倀爲鬻渾在虎之頤多賛其所識朋友之名)."라고 했다.

위에서 살펴본 세 종류의 창귀는 각각 그 맡은 바 임무가 다르며 이름도 특이하다. 이것을 다시 해석해 보면 그 이름의 특징과 맡은 일이 비슷하게 되어 있음을 알겠다. 이것을 다시 자세하게 풀어보면 다음과 같다.

처음 잡아먹힌 창귀를 '굴각'이라 한다. 굴(屈)은 비굴(卑屈)이며 굴복을 뜻하고, 각(閣)은 각씨(閣氏)를 의미하니 '꼭두각시'와 같다. 굴각이란 이름은 몸을 비굴하게 굽혀 범에게 굴복하여 아첨하는 노예와 같은 꼭두각시라는 뜻으로 해석할 수 있다. 범을 부엌으로 인도한다고 하였으니 굴각의 임무는 사람을 꼬여내는 역할을 맡았다고 할 수 있으며, 굴각의 이름은 범의 종이며 꼭두각시를 뜻한다.

두 번째 잡아먹힌 창귀를 '이올'이라 한다. 이올의 이(彝)는 범을 의미하니 이륜(彝倫)이요, 이칙(彝則)이다. 언제나 범을 이륜으로 섬겨야 하며 이의(彝儀)로 모셔야 한다는 뜻이며, 올(兀)은 올형(兀刑)으로 발뒤꿈치를 잘리는 형벌을 이르는 말이다. 올형을 받은 사람은 잘 걷지를 못한다. 이올은 언제나 범의 곁을 떠나지 않고 범을 이의로 모셔야 하는 이칙에 묶여서 형벌을 받은 사람처럼 멀리 달아나지 못하고 항상 범의 위세에서 벗어나지 못하며, 범 곁에 붙어서 범의 신변을 호위하는 귀신으로 풀이할 수 있다. 이올의 임무는 길 안내를 맡아 함정과 덫을 미리 알려주는 것이다.

세 번째 잡아먹힌 창귀를 '죽혼'이라 한다. 죽(鬻)은 '육'으로도 읽으나 여기에서는 '죽'이나 '국'으로 읽는 것이 타당하리라 본다. 죽은 미음 또는 죽(粥)을 의미하니 전죽(饘鬻)이며, 또한 국으로 발음되니 『장자』에 보면 "하늘이 기른 것은 하늘이 먹는다(天鬻者天食也)."라고 하여 '기른다'는 뜻으로 쓰이기도 한다. 혼(渾)은 혼탁(渾濁)이며, 또 다른 뜻으로 오랑캐(서역명혼이(西戎名渾夷))를 의미하기도 한다. 결국 죽혼은 음식을 담당하는 오랑캐라는 뜻이 되는데, 여기서 죽혼의 역할은 친구를 불러내어 범의 먹이가 되게 하는 일이며 그로 인해 범의 허기를 채워주는 일을 하는 귀신이다.

위에서 살펴본 대로 창귀는 범의 절대적인 위세에 굴복하여 거기에서 벗어나지 못하며 범을 호위하고 범에게 먹이를 제공하는 임무를 맡고 있음을 그 이름에서조차 역력히 볼 수 있다.

범과 토속 신앙

산신으로서의 범

전국의 사찰이나 명산에 있는 산신각과 산령각 또는 산신당에 가보면 예외없이 산신의 그림이 그려져 있는 것을 볼 수 있다. 그림에는 백발노인의 산신과 그 옆에는 쭈그리고 앉아 있는 순하디순하게 생긴, 흡사 강아지 같은 범이 그려져 있다. 어떤 산신은 젊은 사람으로, 어떤 산신은 늙은 사람으로 그려져 있는데 도교의 영향을 받은 듯한 옷차림과 분위기가 도사나 신선 같은 느낌을 준다. 그런데 그 옆에 있는 범은 줄범인지 돈범인지 확연히 구분되지 않는 형태의 범으로 구분이 된다 하더라도 범으로서의 용맹이나 위엄은 찾아볼 수 없는 애완동물로 보이는 고양이나 길들인 개와 같은 형상을 하고 있다. 이와 같은 그림에서 범은 산신의 심부름꾼이나 하는 역할 또는 태우고 다니는 말[馬]과 같은 역할이나 집을 지키는 개처럼 산신의 거처를 지키는 짐승 정도로 표현되어 있다.

상고에는 범이 사신(四神)[3]의 지위에 있었고 예국(濊國)에서는 범을 신으로 모셨으니 『삼국지』 「위지동이전(魏志東夷傳)」의 '예조(濊條)'에 보면 "범을 신으로 모셔 제사 지낸다(祭虎以爲神)." 하였다.

어떤 사람들은 이 대목이 범을 신으로 모신 유일한 기록이라 하고, 2천 년 동안 그런 풍습이 전하지 않으니 기록자의 착오거나 상상이라고 하였다. 그러나 이규경의 『오주연문장전산고』 '사호변증설(祠虎辨證說)'에 보면 "백성들이 돈을 거두어 희생물과 술을 마련하여 마을의 진산(鎭山)에서 산군(山君, 범)에게 제사를 지낸다. 그때 무당이 어지러이 북을 치며 춤을 추어 마을의 안녕을 비는데 이것을 '도당제(都堂祭)'라 한다. 만약 이때 제물이나 제기 등이 불결하고 재계와 치성이 깨끗지 못하면 그날 밤에 반드시 범이 나타나 개와 돼지를 물어 간다(小氓醵錢備牲醴祭山君於本里鎭山而巫覡紛若鼓之舞之以妥之名曰都堂祭若祭品不潔致齋未淸則當夜虎必來吼 囓狗豕而去)." 하였으며, 또 말하길 "『후한서』 '예전(濊傳)'에 범을 신령으로 모셔 제사한다 하였으니 그 같은 풍속의 유래한 바가 오래되었다 할 것이다. 그러나 살아 있는 범을 신으로 삼았으니 그 제사가 능히 흠향되는 바가 있을 것인가(後漢書濊傳祠虎以爲神其俗之所由來者厥有久矣 然生虎爲神而能受饗者乎)."라고 하였으니 조선 후기에도 민간에서는 범을 신으로 모셔 제사한 것을 알 수 있다.

또한 태백산 지역으로 찾아오는 무속인들에게 물어보면 거의 90% 정도가 범을 산신이라고 말하는 것을 볼 수 있다. 그러니 범은 2천 년 전이나 200년 전이나 오늘날에도 산신인 것이지 산신의 사자(使者)나 산신의 호위자(護衛者) 또는 산신의 말[馬]은 아닌 것이다.

---

3) 네 방위를 맡은 신. 즉 동청룡(東靑龍), 서백호(西白虎), 남주작(南朱雀), 북현무(北玄武).

『단군신화』에 "범과 곰이 환웅께 와서 사람 되기를 원하였다. 쑥과 마늘을 먹고 100일 동안 햇빛을 보지 않아야 사람이 된다는 말을 듣고 범과 곰이 시행하였으나 곰은 잘 참고 견뎌 여인이 되고, 범은 금기를 어겨 사람이 되지 못하였다." 학자들 사이에서는 이 대목을 해석하여 곰 토템 부족과 범 토템 부족의 싸움에서 곰 부족이 이긴 것으로 풀이하는 것을 볼 수 있다.

하지만 좀 다른 방향에서 생각해 본다면 범은 상고에 사신의 지위에 있었다. 그러한 범이 곰과 함께 쑥과 마늘을 먹으며 금기를 지키는 과정에서 범은 신격에서 인격으로 격하되기를 거부하였다고 볼 수 있으며, 범은 끝까지 신의 지위를 고수하여 신으로 남길 원한 것이다. 이렇게 본다면 곰 부족이 이기고 범 부족이 진 것이 아니라 그 반대인 범 부족이 이기고 곰 부족이 진 것으로 해석할 수 있다. 곰은 여인이 되어 남자의 복속이 된 것이니 어찌 이겼다 하겠으며, 범은 그 후 독자의 길을 고수하여 영원히 산신으로 군림해 왔으니 어찌 졌다고 하겠는가. 용은 그 자체가 용왕으로 신격화되어 신의 자리를 지키고 있는 데 반해, 불교나 도교가 이 땅에 들어와 고유 신앙을 영입하는 과정에서 신으로 모시던 범은 인격신(人格神) 옆에 쭈그리고 앉아 용맹과 위엄을 잃은 심부름꾼 내지 호위자의 자리로 밀려나 버린 것이다. 그래서 상고에 수신(獸身)의 산신이 인지의 발달과 외래 종교의 영향으로 오늘날 사찰이나 산신당에서 볼 수 있는 인신(人身)의 산신으로 바뀐 것이다. 하지만 그것은 불교나 그 밖의 외래 종교에서 보는 시각이지 우리 고유 무속신앙에서는 아직도 범은 산신 그 자체인 것이다.

용이 상상의 영수(靈獸)로 신의 자리를 굳히고 있듯이 지금 이 땅에 범이 사라지고 없는 상황에서 범도 이젠 상상의 신령스러운 짐승으로 또다시 신의 자리를 되찾고 있는 것은 아닐까. 도사형(道士型)의 산신이

줄범인지 돈범인지 구분이 되
지 않는 순하디순하게 생긴 애
완동물과 같은 범 그림. (『한국
호랑이』에서 전재)

범은 산신의 호위자 또는 말
〔馬〕과 같은 역할을 한다. 이
그림에서도 범을 산신이 걸터
앉은 것만 봐도 범은 산신의 말
인 것으로 표현됐다. (『한국 호
랑이』에서 전재)

범을 깔고 앉아 있는 것은 외래 종교가 우리 고유 토속신앙을 억압하는 것으로도 볼 수 있다.

범과 민간신앙

범은 영험한 동물로, 민간에서는 산신의 사자로 보거나 산신 그 자체로 보는 경향이 있다. 그래서인지 동물학적인 상식을 벗어난 기이하고 신비한 이야기들이 많다. 범을 그냥 보통 동물로 보지 않고 신과 동격 내지 그와 비슷한 수준의 한 존재로 보는 것이다. 약 30년밖에 살지 못하는 범을 몇백 년 혹은 몇천 년 사는 것으로 믿고 있으며, 몸이 날렵하여 계곡과 큰 강을 뛰어 건너며 범이 달릴 때 큰 바람이 인다고 믿는다.

민간에 퍼져 있는 범에 대한 여러 가지 신속(信俗)과 이야기를 적어 본다.

- 사람이 범에게 잡아먹히면 그 혼령이 창귀가 되어 범의 노예(종)가 되는데, 그 범이 죽거나 아니면 다른 사람이 잡아먹혀야 그 혼이 빠져나온다고 한다. 옛사람들은 범이 몇백 또는 몇천 년 사는 것으로 알았다. 그래서 범이 죽기를 기다리지 못하고 또 다른 사람을 잡아먹히게(다리 놓기) 하고 범의 위권(威圈)에서 종처럼 얽매어 있던 그 굴레에서 벗어나게 된다고 한다.
- 산신(범)이나 산신의 사자(범)를 욕보이면 벌을 받는다고 한다. (호환의 사례 1, 2, 32)
- 범에게 잡혀갈 사람은 이미 어쩔 수 없이 정해진(숙명적) 것으로 팔자소관이며, 호식은 피할 수 없고 어떤 형태로든 화를 입게 된다고 한다. (사례 10)
- 범은 사람을 물고 가지 않고 앞세워 걸려 간다고 한다. 사람이 창

귀의 부름을 듣고 범에게 제 발로 걸어가 잡아먹힌다는 것이다.
(사례 20, 29)

● 범은 사람을 물어 등에 업고 간다고 한다. 그래서 범에게 물려 가
도 정신만 차리면 산다고 하는 이야기가 있다. 옛날 어떤 사람이
범에게 물려 가는데 얼마를 가다 보니 선뜩선뜩한 찬바람이 귓전
을 스치기에 정신을 차려보니 범이 자기를 업고 가는 것이었다.
얼른 지나가는 길옆의 나뭇가지를 잡고 나무 꼭대기로 올라가 호
환을 면했다고 한다.

● 범은 사람이 여럿 자고 있어도 가운데 사람을 물고 간다. 길을 가
도 가운데 서서 가는 사람을 물고 간다고 한다. 그래서 팔자소관이
라고 한다. 대개 밤길을 갈 때 맨 앞쪽과 맨 뒤쪽에 서기를 싫어한
다. 그러한 심리를 없애려 하는 말인지도 모르겠다. (사례 10, 16)

● 산신령이 범을 내줘야 사람을 물어 가며 아무나 물어 가지 않는
다고 한다.

● 범은 사람을 한 명 잡아먹으면 귀 끝이 하나 갈라지고 두 명을 잡
아먹으면 귀 끝이 두 번 갈라진다고 한다. 귀 끝이 많이 갈라진 놈
일수록 사람을 많이 잡아먹은 놈이다.『송남잡식(松南雜識)』에 보
면 "범이 사람을 잡아먹을 것 같으면 그 귀가 갈라진다(食人則其
耳輒裂)."라고 한 것을 봐도 사람들은 그리 믿었는가 보다.

● 창귀는 사돈의 팔촌까지 찾아다니며 말썽(해악(害惡))을 피운다고
한다. 그래서 집안에 한 명이라도 호식되어 간 사람이 있으면 나
머지 친족들이 전전긍긍한다.

● 호식을 '호사' 또는 '호람'이라고도 하며 지역에 따라 '산홍사' 또는
'뫼홍사 홍살이'라고도 하는데, 그 뫼홍사 한 집과는 혼인을 맺지
않는다. 즉 사돈을 정하지 않는다고 한다. 창귀는 사돈의 팔촌까지

찾아다니며 해코지한다고 믿기에 그러한 금기가 생겨난 것 같다.

- 범은 사람을 앞발로 쳐서 왼쪽으로 넘어지면 잡아먹지 않고 오른쪽으로 넘어지면 잡아먹는다고 한다. 짐승도 마찬가지이다.
- 범은 사람을 잡아먹되 머리는 남겨 두는데, 남겨 둔 머리의 머리털을 혀로 싹싹 핥아 가르마로 빗어 놓는다고 한다. (사례 4, 19)
- 범은 상주(喪主)를 잡아먹지 않는다고 한다. 왜냐하면 상주는 신성한 사람으로서 죽은 영혼을 위해 의식을 올리므로 해치지 않는다고 한다. 그렇지만 배고픈 범이 상주라고 봐 줄 리가 있겠는가. (사례 18)
- 범은 문둥이를 잡아먹지 않는다고 한다. 문둥병은 천형이라 범이 건드리지 않는다는 것이다. 『해동이적(海東異蹟)』의 '권진인조(權眞人條)'에 보면 상주 사람인 권진인이 어렸을 때 문둥병에 걸려 죽게 되자 부모가 숲에 버렸다. 범이 나타나 태백산으로 물고 가서 범굴 속에서 같이 지내며 잡아먹지는 않았다. 범굴 근처의 한 약초를 먹고 살아난 후 기인을 만나 신선이 되었다는 이야기가 있다. 범은 지저분한 먹이나 병든 짐승을 먹지 않는 까닭일 것이다.
- 뱀에게 물려 죽는 사람도 역시 호식되어 갈 팔자라서 호식 대신 뱀〔蛇〕에게 물려 죽는다는 것이다.
- 범이 잡아먹은 사람의 다리나 팔을 하나 떼어 놓고 가면 그 집안에는 또 다른 사람이 호식되어 간다고 한다.
- 산간마을에서는 절대로 범 이야기를 하지 않는다. 범 이야기를 하면 정말 범이 나타나 사람을 물고 간다는 것이다. "범도 제 말 하면 나타난다."는 속담처럼 말이다. 상동읍 신대골 어귀의 호식도 이러한 금기를 어겼기 때문에 잡아먹혔다는 것이다. (사례 22)
- 범도 사람을 물고 가서 산신이 먹어라 해야 먹고 그렇지 않으면

물어다 놓기만 하고 먹지는 않는다고 한다. (사례 27)

● 고양이가 쥐를 잡아서 설 죽인 다음 가지고 놀다가 잡아먹듯, 범도 사람을 물고 가서 뺨을 치며 놀리다가 잡아먹는다고 한다. 고양이과 짐승들은 먹이를 금방 잡아먹지 않고 한참 애를 말리다가 스스로 탈진하여 쓰러지면 잡아먹는다고 한다. 우리 속담에 "범에게 물려 가도 정신만 차리면 산다."는 말이 있다. 범이 완전히 죽이지 않고 놀리다가 잡아먹는 습관이 있기에 그때 정신을 차리면 살 수도 있다는 이야기인지도 모르겠다. (사례 30)

● 범은 물레 돌아가는 소리를 싫어한다. 방 안에 있는 여인을 잡아먹으려 해도 밤새도록 돌아가는 물레 소리 때문에 잡아먹지 못한다고 한다. 어떤 범은 물레 소리를 따라 "와릉와릉" 하며 흉내를 낸다고 한다.

● 태백산 부근의 마을에서는 밤에 밖에서 누가 부르면 함부로 대답하거나 나가지 않는다. 적어도 세 번 이상 불러야 대답하고, 한 번이나 두 번까지 불러도 대답하지 않는다. 혹시 창귀가 부르는 소리일지도 모르기 때문이다. 귀신은 세 번 이상 사람을 부르지 않는다. 그래서 세 번 이상 불러야 안심하고 대답하게 된다.

● 범은 제 새끼를 귀여워해 주면 좋아서 어쩔 줄 몰라 한다는 것이다. 그러나 제 새끼를 미워하면 몹시 싫어한다고 한다. 삼척군 이천의 대삼이에서 여인 10여 명이 산에 나물을 뜯으러 갔다. 큰 바위 밑에서 예쁜 고양이 새끼를 보고 여럿이 귀엽다고 쓰다듬어 주었다. 어떤 사람은 밉다고 하고, 어떤 사람은 귀엽다고 하였다. 이때 바위 위에서 범이 나타나 "어홍" 하였다. 그것은 고양이 새끼가 아니라 범의 새끼였으며, 범은 제 새끼를 귀여워해 주니 좋다고 '어홍' 한 것이다. 모두 놀라서 나물 보따리를 버리고 혼비백산

하여 집으로 도망왔는데, 아침에 일어나 보니 간밤에 범이 나물 보따리를 마당에 갖다 놓았더라고 한다. 그것은 제 새끼를 귀여워해준 대가로 미안한 마음에 보따리를 가져다준 것이다. 그러나 제 새끼를 밉다고 한 사람의 나물 보따리는 갈기갈기 찢어 버렸더라는 이야기가 있다. 이와 유사한 이야기가 동해시 신흥동에도 전해진다.

● 무엇이든지 크고 오래된 것은 영(靈)이 있어 신의 소작(所作)이라 믿으며 그것을 함부로 먹거나 해치면 큰 벌을 받는다고 한다. 큰 산삼, 큰 더덕, 큰 도라지, 큰 송이, 큰 뱀, 큰 고기, 큰 나무 등등 오래 묵거나 큰 것은 영이 있고 신이 아끼는 물건이라 그것을 함부로 먹거나 다치게 하지 않는 것이 산간마을의 풍습이다. 그것을 어기면 벌을 받는다. 봉화군 대현리 어드뱅이 호식도 산신의 영물인 큰 호랑송이를 함부로 따먹었으니 벌을 받아 그렇다는 것이다.

산신 부적 판화　인신산신(人身山神)이 아닌 수신산신(獸身山神)으로서의 범. 천재(千災)가 눈 녹듯 사라지게 하고 만복이 구름 일어나듯 해준다는 뜻의 부적으로, 범의 능력과 신비한 조화를 믿었던 것 같다. (정도화 소장,『한국 호랑이』에서 전재)

● 범은 오래 묵으면 사람으로 둔갑한다고 한다. 신라 때 김현(金現)
은 여자로 변신한 범과 사랑을 하였으며, 그 밖에 전설에 중〔僧〕으
로 변신한 범 이야기가 많다.

● 범의 이빨이나 발톱을 몸에 지니고 다니면 모든 악귀가 사라지고
사악함으로부터 몸을 보호한다고 한다. 웅용장맹(雄勇壯猛)한 범
의 이빨이나 발톱은 힘과 지혜와 절대자의 의미를 포함하고, 사
악하고 잡된 무리의 범접을 막는 뜻도 포함되어 있다. 바닷가 사
람들은 상어 이빨을, 극지방 사람들은 곰의 발톱을 호신용 부적
으로 지니고 다닌다. 우리는 예부터 범의 이빨이나 발톱을 호신
용 부적으로 간직했다. 신라시대의 금관이나 요대(腰帶)의 곡옥
(曲玉)도 범이나 곰의 이빨 또는 발톱을 형상화한 것으로, 왕권의
권위와 무사공정(無私公正)한 통치와 사악함을 물리치는 뜻이 포

신라금관의 곡옥(曲玉)은 범의 이빨
이나 발톱을 형상화한 것이다.

함되어 있다고 보겠다. 태고 때 진짜 범의 이빨이나 발톱을 간직
하던 유풍(遺風)이 곡옥을 이빨 모양으로 만들어 왕관에 달아 왕
권의 권위를 상징하게 된 것이라 생각한다.

호식과 팥죽

팥죽

사람이 팥죽을 쑤어 먹은 지는 참으로 기간이 오래된 것 같다.『동국
세시기(東國歲時記)』에 보면 "생각건대 형초세시기(荊楚歲時記)에 이르
기를 홍공씨(共工氏)[4]가 재주 없는 아들을 하나 두었는데 그 아들이 동
짓날에 죽어 역질귀신(疫疾鬼神)이 되었다. 그 귀신이 붉은 팥을 두려워
했으므로 동짓날 팥죽을 쑤어 물리치는 것이라 하였다(按荊楚歲時記共
工氏有不才子以冬至死爲疫鬼畏赤小豆故冬至日作粥以禳之)."라고 한 것을
보면 4천 년 전부터 팥죽을 쑤어 먹은 것으로 짐작된다.

팥죽을 많이 쑤어 먹는 계절은 동지 때인데 역시『동국세시기』의 동
지 풍습에 보면 "동짓날을 '아세(亞歲)'라 한다. 팥죽을 쑤는데, 찹쌀가루
로 새알 모양으로 떡을 만들어 끓는 죽 속에 넣어 새알심을 만들고 꿀을
타서 시절 음식으로 삼아 제사에 쓴다. 그리고 팥죽을 문짝에 뿌려 상서
롭지 못한 것을 제거한다(冬至日亞歲煮赤豆粥用糯米粉作鳥卵狀投其中爲心
和蜜以時食供祀灑豆汁於門板以除不詳)."라고 하였다. 붉은 팥을 삶아 으
깨어 큰 솥에 넣고 묽게 끓인 다음 쌀을 넣어 더욱 끓인다. 마지막에 새

---

4) 중국 요순시대의 형벌을 맡았던 사람으로, 신화적 존재다. 홍공(共工)은 관직
명인데 후에 성(姓)이 되었다.

항상 벽사의 의미가 숨어 있다.

또 다른 예로 어쩌다 빈소(殯所)[6]의 탈 때문에 탈(병)이 난 경우(환자가 점을 쳐 보아 빈소의 탈이라는 점괘가 나왔을 때)에는 팥죽을 쑤어 빈소에 갖다 놓고 상주는 곡을 하고 탈이 난 사람은 그 앞에서 빈다. 그러면 병이 낫는다고 하며, 빈소의 탈은 팥죽이 아니면 낫지 않는다고 한다.

호식과 팥죽

호식되어 간 사람이 있는 집에서는 그 사람의 제삿날에 팥죽을 제물로 해서 제사를 지낸다. 제사상에 별 다른 제물은 쓰지 않고 팥죽을 동이째 떠다 놓고 제사를 지낸다. 제사가 끝난 다음 팥죽을 동이째로 뒤껼이나 담장 부근에 놔두면 처음 몇 해 동안은 범이 팥죽을 먹고 간다고 한다. 어떤 경우에는 동이에 팥죽을 담아 놓고 그 위에 무쇠 솥뚜껑을 덮어 놓는데, 범이 와서 솥뚜껑을 열고 팥죽을 다 먹고 다시 솥뚜껑을 덮어 놓는다고도 한다. 또한 제사를 지낸 후 팥죽을 집 주위와 담장에 뿌리기도 한다.

동점동의 금 씨(黔氏) 집에 선대에 호식되어 간 사람이 있어 제사 때만 되면 팥죽을 쑤어 제사를 하는데, 팥죽 동이를 담장 부근에 놓아 두면 처음엔 범이 먹고 갔다고 한다. 지금도 제사 때 팥죽 제사를 지내는데, 지금은 범이 팥죽을 먹고 가지 않는다고 한다.

옛날 통점 마을에 범이 사람을 물어 갔다. 동네 사람들이 횃불을 들고 찾아 나서니 범이 시체를 뜯어 먹다가 도망을 가고 사람들은 남은 시체를 가져와 땅에 묻어 묘를 만들었다. 그날 밤부터 범이 나타나 온 동네

---

6) 발인 때까지 관을 놓아두는 방 또는 대상(大祥)까지 죽은 사람의 영혼을 모셔 놓은 곳. 대개 사랑방에 설치함.

의 가축을 물어 죽이고 모래와 돌을 퍼부으며 포효했다. 매일 그러니 동네 사람들은 공포에 떨며 밤이면 밖에 나가지를 못하였다. 마을 노인들이 회의하고 점을 치니 범의 먹이(죽은 사람의 시체)를 가로챈 벌로 범이 해악한다는 점괘가 나왔다. 그래서 굿을 하기로 하고 범의 노여움을 달래기로 하였다. 제웅을 만들어 소꼬리를 달아 세우고 그 앞에 큰 동이에 팥죽을 담아 범이 다니는 길목에 놓아두었다. 소꼬리는 사람의 머리이며, 팥죽은 사람의 몸을 대신한 것이라 한다. 기도를 드린 후 범이 팥죽을 먹고 갔는데 그 후로는 조용하였다고 한다.

범은 팥죽을 좋아하는가 보다. 전해오는 이야기에 어떤 할머니가 밭에서 김을 매는데 범이 나타나 잡아먹으려 했다. 할머니는 "바싹 마른 나를 잡아먹어 무얼 하느냐 이따가 저녁때 팥죽을 쑤어 놓을 테니 그때 와서 팥죽과 함께 나를 잡아먹는 것이 어떠냐"고 했다. 범이 곧이듣고 밤에 왔다가 할머니의 꾀에 혼이 난 이야기가 있다. 이 밖에도 범이 팥죽을 좋아한다는 이야기는 많다.

무엇 때문에 범은 팥죽을 좋아하고, 사람들은 호식되었을 때 팥죽으로 제사를 지낼까? 첫째 그것은 앞에서 말한 것과 같이 팥죽은 귀벽(鬼辟)의 의미가 있기에 두 번 다시 호식되어 가지 말라는 의미에서 제2의 호식을 예방하기 위해 팥죽으로 제사한다고 보겠으며, 둘째는 범에게 팥죽으로 제사하고 범은 그 팥죽을 먹고 간다는 것은 연약한 인간이 태고 때 범에게 희생물을 바치던 습속이 남아 오늘날 희생물 대신 그것이 팥죽으로 변한 것이 아닐까 한다. 그렇기에 범이 팥죽을 먹는다고 하며 실제로 팥죽을 쑤어 범에게 제사하는 풍습이 있으니 태고 때의 유습(遺習)이 아닐까 하며, 이것이 범에게 희생물을 바치던 것과 무관치 않으리라 본다.

호식장

호식장의 의미

범이 사람을 잡아먹는 것을 '호식'이라고 한다. 범은 사람을 잡아먹고는 꼭 머리를 남겨 둔다고 하며, 때로는 팔다리 또는 몸통의 일부분도 남겨 놓는다고 한다. 이것(특히 머리 부분)들을 거두어 특유의 풍습으로 장사 지내는 것을 '호식장'이라고 한다.

사람이 죽어 땅에 묻으면 '매장(埋葬)'이요, 불에 태우면 '화장(火葬)'이며, 물에 넣어 고기밥이 되게 하면 '수장(水葬)'이다. 새에게 뜯어 먹히게 하는 것은 '조장(鳥葬)'이라 하며, 자연에 방치하여 비바람에 썩게 하는 것을 '풍장(風葬)'이라고 한다. 이렇듯 다양한 장례 풍습이 존재하는 것은 지역적 특성과 환경 그리고 사람들의 내세관 또는 종교 등이 크게 작용하여 생긴 것이라고 보겠다.

호식장은 범이 서식하는 곳에서만 행해지는 장례 풍습으로, 사람이 범에게 잡아먹혀야만 성립되는 것이다. 지역에 따라 호식장 무덤, 즉 호식총을 화장터 혹은 홍살이터, 산홍사터, 범다물, 호사(虎飤)터, 호식(虎食)터, 호람(虎嚙)터 등으로 불리기도 한다.

호랑이에 물린 여인 어느 으슥한 산골, 광주리를 들고 가던 여인이 호랑이의 습격으로 피투성이가 되어 있다. 산등성이로 총을 든 남자들이 여인을 구하러 달려오지만 이미 여인의 목숨은 끊어진 상태다. 당시 호랑이들에게 피해 입고 있는 한국과 중국의 이야기는 프랑스인들에게 흥미 있는 화제가 되었다. (≪르 프티 주르날≫, 1914년 3월 15일 자)

우리나라는 산악이 많은 곳으로, 범이 서식하기 좋은 환경을 갖추고 있어 예부터 많은 사람이 호환을 당하였고 그 가운데 대부분이 호식되어 버렸다. 그래서 전국의 평야 지대를 제외한 산악지대에 호식 사례가 없는 곳이 없을 정도로 그 피해가 막심하였다. 본문은 특히 태백산맥을 중심으로 강원도의 태백과 그 밖의 지역에 흩어져 있는 호식총을 대상으로 조사 연구한 것이다.

호식장은 범이 사람을 잡아먹고 남긴 유구를 거두어 그 자리(범이 사람을 잡아먹은 자리)에서 화장을 한 다음 그 위에 돌무덤을 만들고 그 돌무덤 위에 시루(떡이나 음식을 찌는 그릇)를 엎어 놓고 그 시루의 가운데 구멍에 가락(물레로 실을 자를 때 사용하는 뾰족한 쇠꼬챙이)이나 칼을 꽂아 놓는 특이한 형태의 무덤을 만드는 장례법이다. 그 특이한 형태의 무덤을 호식총이라 하는데, 여기에서는 왜 화장을 하고 돌무덤을 만들고 시루를 엎어 놓으며, 가락이나 칼을 꽂아 두느냐 하는 데 초점을 맞추어 고찰하여 보고자 한다.

유구의 발견

범은 사람을 잡아먹고는 꼭 표식을 남긴다고 한다. 특히 머리 부분을 먹지 않고 나뭇등걸 위나 바위 위 또는 산등성이 높은 곳에 남겨 놓는데, 그것은 산신에게 호식당할 운명의 사람을 잡아먹었다고 아뢰는 의식이라고 한다. 대개 육식동물은 먹이의 머리 부분은 먹지 않는데, 아프리카의 초원에서도 맹수류는 먹이를 먹되 머리 부분은 먹지 않는다.

『지봉유설(芝峯類說)』에 보면 "비사에 이르기를 범의 이름은 이이(李耳)이다. 보통 범은 인축을 잡아먹되 귀〔耳〕위로는 먹지 않으니, 그것은 제 이름자를 범하기 싫어서이다(稗史曰虎名李耳凡虎食畜産不至耳諱其名也)."라고 했다. 이와 비슷한 이야기가 『송남잡식』에도 나오는데 "虎以其名李耳故凡食獸不食耳諱其名也"라고 했다. 결국 범은 먹이의 머리는 먹지 않고 남긴다는 말인데, 그것은 범의 이름이 '이이(李耳)'라 하여 자기 이름자인 '耳(귀)'를 범하기 싫어서 먹이의 귀〔耳〕 위로는 먹지 않는다는 것이다. 사실 짐승의 머리는 몹시 아물어 딱딱하고 큰 뼈라서(대개 동물은 뿔이 있어서) 범이 씹어 먹을 수 없기에 남기는 것이다.

범이 귀 위로는 먹지 않는다고 하나 우리나라처럼 먹이가 풍족하지 못한 환경에서는 예외가 있다. 범도 배가 덜 부르면 귀고 뭐고 가리지 않는다. 어떤 범은 배가 덜 부른지 볼에 붙은 살점과 귀와 코까지 뜯어 먹고 빤질빤질한 두개골만 남겨 두는 경우도 더러 있다고 한다. 고양이와 쥐 경우에도 고양이는 쥐의 몸뚱이는 모두 먹고 머리를 남기는데 때로는 꼬리와 발도 남긴다.

호식당한 곳에는 대개 죽은 사람의 머리만 남아 있는 것이 보통이나 때로는 팔, 다리, 몸통의 일부도 함께 남아 있는 경우도 있다. 이러한 유구를 유족들이 발견하여 그 자리에다 황닥불(화톳불)을 피우고 태우게 된다.

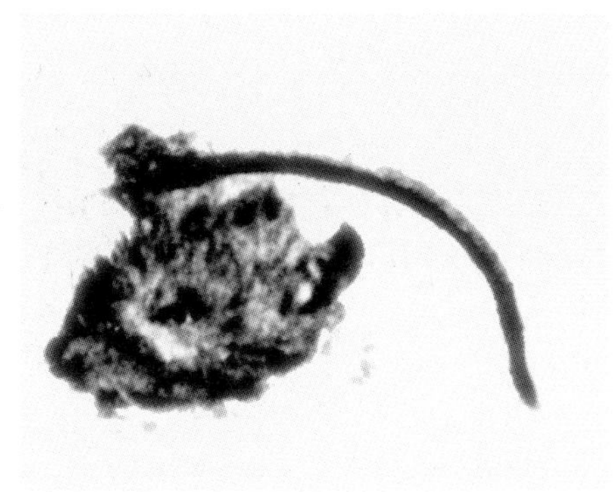

고양이가 쥐를 잡아먹고 남긴 머리와 꼬리 부분

화장

호식장의 화장은 일견 불교의 영향을 받은 듯하나 실은 우리 민족에게도 불을 신성시하는 풍습이 있었다. 부정하고 사악한 것을 없애는 데 성스러운 불을 사용했으니, 무당이 부정을 털기 위해 불을 피워놓고 그 위를 타 넘는 행위는 불로써 부정함을 없애려는 것이다. 소지(燒紙)를 올리는 것은 불로써 액을 태우고 비는 것이요, 시집갈 때 불씨를 가져가서 평생 꺼뜨리지 않는 것은 부(富)와의 가운(家運)의 상징이며 불을 신성시함이다. 염병, 괴질 등의 악질에 걸려 죽은 사람을 태워버림은 사악함을 없애려는 뜻이다. 문둥병에 걸려 죽은 사람을 화장하는 것도 같은 뜻이 있다.

범이 사람을 물고 가서 잡아먹은 다음에 남은 유구를 유족이 발견하여 그 자리에서 태워버리는 것도 모든 화근을 소멸시키고자 하는 뜻이 담겨 있다.

범에게 잡아먹힌 사람의 혼은 '창귀'라는 귀신이 되어 사돈의 팔촌까지 찾아다니며 재앙을 주고 또 다른 호식의 다리(물귀신처럼 또 다른 사람이 잡아먹혀야 그곳에서 빠져나온다는 뜻)를 놓는다고 믿었다. 황닥불을 피우고 남은 유구를 태우는 것은 그 창귀를 완전히 없앤다는 뜻이 있다. 그 시신을 그냥 묻으면 창귀가 해악하고 범이 자기 먹이를 빼앗아 가는 줄 알고 해코지를 한다고 믿었다. 어떤 경우, 남은 유구를 그냥 묻었더니 밤에 범이 나타나 땅을 파내고 그 시신을 다시 꺼내어 갔더라는 이야기도 있다. 그래서 유구를 거두어 태우는 것은 두 번이나 범의 밥이 되는 것을 막고 남긴 먹이를 범이 두려워하는 불로 태움으로써 모든 재앙을 없애려는 것이다. 유구를 태울 때는 발견된 그 자리에서 하고, 절대로 옮기지 않는다.

호식총(돌무덤, 범다물)

범에게 잡아먹히고 남은 유구를 화장하니 모든 것이 소멸해 한 줌의 재로 남았다. 그 위에 자연석을 주워다 돌무덤을 만든다. 이것이 호식총이다. 돌이 많은 곳에서는 한 길가량 되는 큰 돌무덤을 만들지만 돌이 귀한 곳에서는 몇 개의 돌을 포개어 놓는 정도로 돌무덤을 만든다. 큰 것은 높이 160cm, 둘레 800cm, 길이 280cm, 폭 200cm가량 되는 큰 것이 있는가 하면 높이 50cm, 둘레 160cm, 폭 50cm 정도의 작은 것도 있고 몇 개의 돌을 포개어 놓은 것과 아예 돌도 없는 것이 있다.

여기에서 호식총의 돌무덤과 성황당(城隍堂, 서낭당)의 돌무더기나 조산(造山), 그리고 몽골 지역의 어뿨(鄂博)와 어떤 연관이 있지 않을까 생각되며 이것을 밝혀 봄으로써 호식총에 어찌하여 돌무덤을 쌓는지에 대해 접근해 보고자 한다.

성황당(쿠시, 국수당)

마을 어귀의 길옆이나 고갯마루에 '성황당'이라는 것이 있다. 서낭당 또는 선왕당(先王堂)·쿠시·국수당(掬水堂)·국시댕이 등으로 불리기도 하는데, 대개는 큰 고목나무가 몇 그루 서 있고 그 앞에는 크고 작은 돌들을 쌓아 놓은 돌무더기가 있다. 어떤 곳에는 나무가 없고 돌무더기만 있는 곳도 있다. 또 다른 형태로는 돌담이 쳐져 있기도 하고, 당우(黨宇)를 지어 성황신을 모신 곳도 있다.

성황당은 마을의 삼재(三災)를 막아주며 마을 사람들에게 복과 풍요를 가져다주는 성황신이 머무는 성역이다. 고갯마루에 있는 것은 길손들이 영로(嶺路)의 무사 안전을 기원하는 곳으로, 부근에 있는 돌을 주워 던지며 침을 뱉기도 한다. 침을 뱉는 것은 사악함과 부정함을 털어내는 뜻이 있다. 지금도 까마귀가 울면 "퉤퉤" 하며 침을 뱉는데 같은 맥락에서 봐야 한다.

서낭당(국시댕이)의 돌무더기는 몽골 지역의 '어뼈'에서 유래되었다는 설이 유력하고, 손진태(孫晉泰)는 서낭당의 돌무더기를 '석적장생(石磧長生)'이라고 분류한 바 있다.

몽골의 어뼈

몽골 지역에 '어뼈' 혹은 '오보(オボ)'라는 것이 있다. 자연석으로 쌓은 돌무더기로, 우리나라의 성황당 돌무더기와 조산(장생표탑(長生標塔))과 비슷하다. 그것은 경계표와 이정표의 역할도 하지만 몽골인들이 천지신령에게 제사하는 곳이다. 어뼈는 '성사(盛土)'라는 뜻의 말로, 돌이 많은 곳에서는 돌로 쌓고 돌이 없는 곳에서는 흙으로 성사하며 도시 부근에서는 돌로 담을 치는데, 2m 정도 되는 버드나무 3~40개를 묶어 그 위에 세운다. 오보를 설치하는 장소는 높은 산꼭대기나 언덕 위와 평원, 호숫가 등에 세우는데, 매년 봄에 오보를 보수하고 오보제를 지낸다. 이때 황홍백람(黃紅白藍) 색의 기를 오보 위에 꽂는다. 오보제는 그들의 길흉화복과 가축 번창·무병·축재(逐災) 등을 기원하는데, 태양숭배 사상이 내재되어 있다고 한다.[7] 역시 우리의 성황당 돌무더기나 조산과 통한다고 보겠다.

조산

우리나라 숲에 돌이나 흙으로 된 조산은 인위적인 구조물이다. 어떤 곳에서는 자연적인 작은 산을 또는 언덕을 '조산'이라고 하는 곳도 있

---

7) 요네우치 야마타츠오(米內山庸夫), 『몽골초원(蒙古草原)』

다. 두만강 하구 조산보의 조산과 양양의 조산, 삼척의 조산, 안동·영천 지역의 조산 등은 형태와 크기 차이는 있으나 모두가 서낭(성황)과 같은 기능을 가진 구조물이다. 『조선민속지(朝鮮民俗誌)』 '추엽륭(秋葉隆)'에는 조산을 '장생표탑'이라고 하였으며, 몽골의 어뿨와 연관이 있음을 시사하였다.

안동 지역에서 380년 전에 간행된 『영가지(永嘉誌)』에 보면 안동 지역에 조산이란 것이 무려 20여 개가 있었다고 기록하고 있다. 대개는 길옆이나 고갯마루에 있으며, 때로는 관청 옆에도 있다고 하였다. 조산은 인위적으로 만든 산이란 뜻인데, 그 모양은 몽골의 어뿨와 비슷하고 성황당의 돌무더기와 비슷하다. 다만 성황당 돌무더기는 함부로 쌓여 있는데 반해 조산은 정성 들여 탑처럼 쌓은 것이 다르다. 성황당 돌무더기는 행인들이 돌을 자꾸 던짐으로써 몇 년, 몇십 년 동안에 이루어지는데 반하여 조산은 한 번에 돌을 모아 쌓아 놓고 더 이상 손대지 않는 것이 다르다. 조산도 성황당처럼 삼재를 막아주며 마을의 풍요와 안녕을 가져다주는 마을 수호신을 모신 곳이다.

『영가지』[8]의 '개목이조산(견항조산(犬項造山))'에 보면 "입춘일에 헌관(獻官)을 정하여 동황(東皇)[9]에 제사한다. 제삿날에 오곡을 그릇에 담아 차려 놓고 제사를 지낸 뒤 어떤 곡식이 윤기가 나는지 관찰하여 그해 그 곡식이 잘 되리라는 것을 점친다(犬項造山. 在迎春亭西大路東 立春日定獻官祭東皇于此祭日盛五穀種于器置其上觀某穀滋潤者占其茂實云)."고 하였다. 여기에서 보듯 조산은 풍요와 생산을 주관하여 주는 신을 제사하는 곳이며, 또는 그러한 신이 있는 곳이라 여겨진다. '존당조산(尊堂造

---

8) 권기(權記), 『영가지(永嘉誌)』
9) 봄을 맡은 신, 청제(靑帝).

호식총을 함부로 건드리면 큰 탈이 난다고 한다. 어떤 사람이 그 옆에서 낮잠을 자다가 가위에 눌려 혼이 난 사실이 있는가 하면, 그곳을 호기심에 건드려서 탈이 나 큰 굿을 하고 귀신을 단지에 가두어 그곳에 갖다 놓고 돌무덤을 원래대로 해놓고서야 무사했다는 일이 있다. 존당조산을 건드리자 대낮에 깜깜해지며 비바람이 일어났다는 것과 호식총을 건드리고 탈이 난 것은 금역으로서 서로 통한다고 보겠다.

호식총의 돌무덤은 무서운 금역 혹은 신성한 곳을 뜻하는데, 범에게 물려 간 사람은 선택된 사람이며 범이 호사(虎飤)한 그곳 자체가 신성한 곳이라는 사상이 돌무덤을 만들게 한 것이다. 그러한 이유 때문에 산간 마을에 사는 사람들은 산속에서 호식총을 발견하면 얼른 그곳을 피해버리고, 그 근처에는 함부로 가지 않으며 함부로 건드리지 않는다.

호식된 사람의 유구를 화장하고 그 자리에 돌무덤을 만드는 것은 창귀가 그 속에서 꼼짝하지 말라는 뜻도 있다. 어떤 경우는 호식총이 무속인들의 기도처가 되는 것도 있다. 어쨌거나 그 금역인 호식총을 건드리면 큰 재앙을 받게 된다고 믿고 있다.

돌무덤을 설무덤·설담·다물캐이·돌다물·범다물·설무덕·돌무덕 등으로 부르기도 하는데, 산의 골(骨)이며 토(土)의 정(精)이며 기(氣)의 핵(核)인 돌을 모아 무덤을 만드는 것은 신성한 장소를 뜻하는 의미가 포함되어 있다고 보겠다.

업둔어미 화장터   시루와 가락은 없어지고 돌무덤만 남아 이끼에 덮여 있다. (동점동)

호식총   범이 사람을 잡아먹고 머리만 남겨 둔 곳에 유구를 발견한 유족이 화장하고 돌무덤을 만들었다. 그 위에 시루를 엎어 놓았다.

성황당 돌무더기　오고 가는 길손들이 하나씩 주워 모아 쌓은 석적장생. 일명 국수뎅이, 쿠시. (태백산)

조산　마을의 안녕과 삼재를 막아주는 조산당. 성황당과 거의 같은 성격을 띤다. (창죽동)

천제단(天祭壇)　돌로 쌓은 제단. 하늘의 신께 제사 드리는 곳이다. 돌은 신성한 물건으로 성스러운 곳에 사용된다. (태백산 천제단)

사탑(寺塔)　절 입구에 쌓아 성역임을 알리고 근방에 짐대를 세우기도 한다. (하장면 도룡사탑)

호식총　오랜 세월에 시루는 깨어지고 돌무덤에는 이끼가 무성하다. (창죽동)

호식총　시루도 가락도 없이 돌무덤만 남았다. (정선군 여량리)

호식총 시루와 가락은 없어지고 돌무덤에 이끼만 끼어 있다. (삼척 신리)

화장터 문둥병에 걸려 죽은 사람을 화장하고 그 자리에다 돌무덤을 쌓았다. 호식총과 흡사하여 구분이 안된다. (삼척 신리)

호식총 역시 시루와 가락은 보이지 않고 돌무덤만 남았다. (정선 북동리)

호식총 돌무덤 사이로 나무가 무성히 자랐다. (봉화 석포리)

어뿨(鄂博, 오보)　　몽골 초원에 있는 돌무더기로, 몽골인들의 신앙 대상이 된다. 위에 깃발이 많이 꽂혀 있다. (아키바 다카시(秋葉隆), 『조선민속지(朝鮮民俗誌)』에서 전재)

어뿨(鄂博, 오보)　　매년 봄에 보수하고 오보제를 지낸다. 우리의 성황당이나 조산과 비슷하게 생겼다.

시루(甑)

 '시루'라 하는 것은 떡이나 음식을 찌는 그릇으로, 그릇 밑에 구멍이 나 있어 그리로 증기가 올라와 떡이나 음식을 익히게 하는 것이다.

 시루를 '증(甑)' 또는 '증(䰝)', '증(䰼)'으로 쓰기도 하는데, 호식당하여 화장한 돌무덤 위에 이 시루를 엎어 놓고 그 구멍에 가락을 꽂는다. 무엇 때문에 시루를 엎으며, 시루는 대체 어떤 물건이기에 그 무서운 창귀를 꼼짝 못 하게 하는지 알아본다.

시루나 옹기류를 엎어 놓는다

 호식총에 가보면 대개가 돌무덤 위에 시루를 엎어 놓은 것을 볼 수 있다. 어떤 곳에는 시루 대신 옹가지(옹기그릇, 물동이, 버지기 등)를 엎어 놓은 곳도 있고, 때로는 함지(나무로 만든 큰 그릇)를 엎어 놓은 곳도 있다.

 산간마을, 특히 화전마을에는 질그릇이 귀했다. 그래서 나무로 모든 것을 만들어 사용했다. 김칫독을 나무로 만들고, 밥그릇과 설거지 그릇도 나무로 만들고, 기와(너와)도 나무로 만들며, 그 밖의 각종 생활용품을 나무로 만들었다. 깨어지기 쉬운 옹기, 자기류는 이동성인 화전민들에게는 불편한 것이었고 또한 깊은 산중이어서 구하기 힘든 면도 있었다. 시루나 옹기(물동이, 버지기)를 사자면 몇백 리를 나가야 살 수 있으니 옹가지(물동이)보다 사용 빈도가 적은 시루는 더욱 귀했다. 그래서 물 길어 먹는 옹기동이(물동이)에 금이 가거나 깨어져 물이 새면 그 밑에 구멍을 뚫어 시루로 사용하는 예가 많았다. 화전민과 산중에 사는 사람들은 수시로 떡을 쪄 먹을 정도로 부유하지도 못했으므로 어쩌다 명절 때나 고사 때 시루를 사용했다. 그래서 호식되었을 때 시루가 없으면 그와 유사한 물동이나 함지 등 아무것이나 엎어 놓기도 한다. (92쪽 위 사진)

시루와 솥

시루는 시루 자체로는 음식을 익힐 수 없다. 솥에 물을 붓고 그 위에 시루를 올려놓아 불을 때게 되면 솥 속의 물이 끓어 증기가 생기게 되고, 그 뜨거운 증기가 시루 구멍으로 올라가 시루 속 음식이 쪄지는 것이다. 그래서 시루는 꼭 솥 위에 올라가게 된다. 시루가 어떤 것인지를 알기 위해 시루와 밀접한 관계가 있는 솥에 대해 알아보기로 한다.

솥은 음식을 삶아 익혀 먹는 그릇으로, 부엌에서는 가장 중요한 집기이다. 『역경(易經)』의 '정괘(鼎卦)'를 보면 "단에 이르기를 정(鼎)은 형상이다. 나무를 불에 넣어서 음식을 삶는다. 성인(성왕)은 솥에 음식을 삶아 상제(하느님)께 제사하고 또한 많이 삶아서 어진 이(성현)를 기른다(象曰鼎象也以木巽火亭餙也聖人亭以享上帝而大亨以養聖賢)."라고 했다.

솥은 사람이 화식(火食)하는 가장 상징적인 물건이다. 그것은 신에게 제사할 때도 사용되지만 어진 사람을 먹여 기르는 소중한 그릇인 것이다.

옛사람들은 세상을 큰 그릇으로 생각했던가 보다. 노자의 『도덕경』에 보면 "천하는 신비로운 그릇이라 사람의 생각으로는 어떻게 할 수 없다(天下神器 不可爲也)"라고 했다. 노자는 세상을 큰 그릇에 비유했던 것이다. 아마도 땅 위의 모든 만물을 담고 있는 큰 그릇이 땅이라는 생각인가 보다.

'구정(九鼎)'이란 것이 있다. 하(夏)의 우왕이 구주에서 쇠를 거둬들여 아홉 개의 큰 솥을 만들었다. 구주를 상징하는 커다란 솥으로, 희생물(제물)을 삶아 천지신에게 제사하는 제기로서 신성한 그릇이다(漢書. 鑄九鼎象九州皆嘗鬺亭上帝鬼神). 그래서 하, 은(殷) 이래로 주대까지 제왕의 보물로 보전되어 왔고, 솥이란 천하를 상징하는 그릇이 된 것이다.

천하가 어지러움을 '정비(鼎沸)'라 한다. 솥의 물이 끓는 것과 같다 하여 세상을 솥에 비유했고, '정운(鼎運)'은 임금의 운명 또는 국운(國運)이

시루 1 음식을 쪄 먹는 시루 구멍이 9개이다.

시루 2 시루 바닥에 굽도리까지 있는 대형 시루. 가운데 구멍이 유난히 큰 것이다.

시루 3 귀신을 제압하기 위해 엎어 놓은 시루. 시루 구멍 사이로 잡초가 나 있다. (울진 덕구리)

호식총 시루 가락은 간 곳 없지만 대체로 완전한 상태로 남아 있는 시루로, 돌무덤 위에 있다.

호식터 시루　호식되어 간 곳에서 화장하고 몇 개의 돌을 쌓고 시루를 엎어 놓았다. 시루 밑이 다 떨어져 나가고 나무줄기가 솟아났다. (정선 북동리)

호식터 시루　바위 밑에서 사람을 잡아먹은 곳. 몇 개의 돌과 깨어진 시루가 을씨년스 럽다. (태백시 철암동)

호식터 시루　큰 소나무 둥걸 뒤쪽으로 깨어진 시루가 보인다. (삼척군 추동리)

호식총 시루　돌무덤 위쪽에 판판한 돌을 놓고 그 위에 시루를 얹었다. 깨어진 시루와 녹슨 가락이 보인다. (태백시 철암동)

호식터의 옹기류 창귀를 가두던 단지와 깨어진 시루, 옹가지가 보이고 나무로 된 함
지도 엎어 놓았는데 썩어 겨우 형체만 남아 있다. (정선군 북동리)

호식터의 시루 파편 바위 밑에서 범이 사람을 잡아먹었다. 화장하여 돌무덤을 만들
고 시루를 엎었다. 지금은 벌통을 설치했고, 그 옆엔 시루 파편이 보인다. (연화동)

호식총 시루　암벽 밑에서 범이 사람을 잡아먹었다. 완벽한 시루와 가락도 보인다. (정선군 덕암리)

호식터 시루　우거진 수풀 속에 깨어진 시루가 보인다. (삼척군 추동리)

가락

가락은 '가락꼬치'라고도 하는데 길쌈을 하기 위해 물레를 자아 실 톳(실꾸리)을 만드는 데(감는 데) 사용하는 기다랗고 둥근 쇠꼬챙이이다 (97쪽 사진).

호식장에서 화장을 하고 돌무덤을 만들고 시루를 엎어 놓고, 그 시루의 가운데 구멍에 가락을 꽂는다. 대개 가락을 꽂는 것이 상례지만 때로는 칼을 꽂는 수도 있다. 여기에서는 호식총에 가락이나 칼을 꽂는 이유에 대해 살펴본다.

인간의 창조물 '쇠'

돌은 신이 만든 자연물로서 가장 단단하고 강하며, 변하지 않는 정물(精物)이며 신물(神物)로서 가장 오래되고 가장 위대한 것이다. 그에 반해 사람이 자연 속에서 얻어 낸 가장 강하고 무섭고 반자연적인 창조물이 쇠(鐵)인 것이다. 그것은 신을 거역하는 물건이며, 어쩌면 신과 같은 물건이며 가장 위대한 것이다. 그러기에 돌은 신의 창조물이요, 쇠는 인간의 창조물이다.

쇠는 살아 있는 모든 것의 적이요, 살아 있는 모든 것을 제압할 수 있으며, 살아 있는 모든 것을 죽일 수 있는 절대적인 물건이다. 그래서 인간은 이 물건을 이용하여 반자연적인 행위를 하였고, 그로 인해 인간은 자연(신)에 반기를 들었다. 쇠꼬챙이, 쇠톱, 쇠칼, 쇠망치 쇠도끼, 창칼, 총, 대포, 기차, 비행기 등등 쇠로 말이다.

여기에서 쇠꼬챙이(가락, 칼)는 모든 살아 있는 것(동식물)을 죽일 수 있는 힘이 있고, 모든 죽어 있는 것(귀신, 자연물)에까지 막강한 힘을 작용하여 그것들에게 절대적인(죽음까지) 힘을 행사하여 그것들의 기(氣)

를 꺾고 시들게 만드는 것이다.

파혈(破穴)과 쇠꼬챙이

임진왜란 때 되(중국인)와 왜(일본인)가 우리나라에 들어와 수려한 금수강산 곳곳에 소위 혈(穴, 血)이란 것을 지르고 끊고 하였다. 그래서 전국의 명산대천 승지(勝地)에 그들이 혈(穴)을 질렀다는 전설이 많으며, 산맥(山脉)과 암석을 끊거나 깨어 버린 곳과 쇠말뚝을 박았다는 곳이 헤아릴 수 없이 많다.

우리 조상들은 산맥을 살아 있는 생명체로 보았고, 특히 사람의 몸에 비유를 많이 했다. 그래서 되와 왜가 산에 쇠말뚝을 박아 혈을 지른 것은 사람의 팔다리와 몸에 쇠말뚝을 박은 것과 같다고 믿었다. 그리하면 산천도 사람과 같아 기가 막히거나 끊어져 죽은 산천이 되며, 그로 인하여 그의 기를 받고 살아가는 조선인이 용맹이 없고 무기력해지며 훌륭한 인물이 나지 않는다고 믿었다. 그래서 우리 조상들은 몸에 쇠를 대는 것을 금기하였다. 처음 서양 의술이 이 땅에 들어왔을 때 수술하기를 꺼렸던 조상들의 마음속에는 쇠를 몸에 대기 싫어하는 사상이 깊이 박혀 있었기 때문이다. 몸에 쇠를 대는 것은 산맥에 쇠말뚝으로 혈을 지르는 것과 같아 쇠꼬챙이(칼)로 수술함은 몸의 혈맥을 질러 꼼짝 못 하게 하여 기력을 쓰지 못하게 하는 것이라 생각하였다.

벼락과 쇠꼬챙이

옛날 사람들은 벼락칠 때 하늘에서 무쇠 꼬챙이가 내려와 친다고 믿었다. 실제로 벼락 맞은 나무를 보면 껍질이 홀랑 벗겨져 있고, 벗겨진 나무 표면에 가느다란 홈이 곧게 혹은 나선형으로 나무의 뿌리 부분으로 파여 있는 것을 볼 수 있다. 그 홈을 따라 내려가 나무뿌리 부분의 땅

속을 파면 무쇠 꼬챙이 같은 것이 나온다. 그것은 벼락칠 때 그 무쇠 꼬챙이가 하늘에서 내려와 나무나 바위를 친다고 믿었다.

죄지은 사람이나 사악한 귀신이 있으면 그 무쇠 꼬챙이가 내려와 벼락을 친다는 것이며, 그 무쇠 꼬챙이를 삶아 초학(학질) 앓는 데 그 물을 마시게 하면 병이 낫는다고 한다.

여기에서 쇠꼬챙이(가락, 칼)와 벼락칠 때 내려온다는 무쇠 꼬챙이는 형태상으로 비슷하고 귀신을 제압하는 기능이 비슷하다고 보겠다.

가락은 도는 것

'가락'은 물레의 괴물 위에 세운 괴물 기둥 사이에 가로로 길게 꽂혀서 실꾸리(실톳)를 감기 위해 물렛줄에 의하여 뱅글뱅글 돌아가는 기다랗고 둥근 쇠꼬챙이이다.

호식장을 조사하기 위해 60~80세 되는 100여 명의 어르신들을 만나서 이야기해 보았다. 시루 구멍에 가락을 꽂는 의미에 대해 질문을 해 보니 약 70%에 달하는 어르신들이 비슷한 대답을 하였다. 그것은 창귀가 시루 속에서 가락처럼 제자리에서 맴돌기만 하고 빠져나오지 말라는 뜻이라는 것이다. 참 재미있는 비유이며 우리 조상들의 사고가 슬기로 웠음을 알 것 같다.

가락의 의미

앞에서 예를 든 것과 같이 호식총에 시루를 엎고 가락이나 칼을 꽂는 것은 그 속에 들어 있는 창귀가 꼼짝 못 하도록 하는 것이다.

명산에 쇠말뚝을 박아 혈을 질러 산천의 기를 끊듯, 무당이 굿을 할 때 창과 칼을 휘두르며 귀신을 겁주며 무력으로 제압하듯 쇠(가락, 칼, 창, 쇠말뚝)는 모든 살아 있는 것(동식물)과 죽어 있는 것(귀신, 자연물)에

물레질 아래쪽 괴물 기둥에 가로놓인 가락이 제자리에서 뱅글뱅글 돌며 실꾸리를 감아낸다.

시루와 가락　시루의 가운데 구멍에 긴 가락을 꽂아 두었다. 창귀가 시루 속에서 뱅글뱅글 돌며 나오지 못하게 하는 역할을 한다.

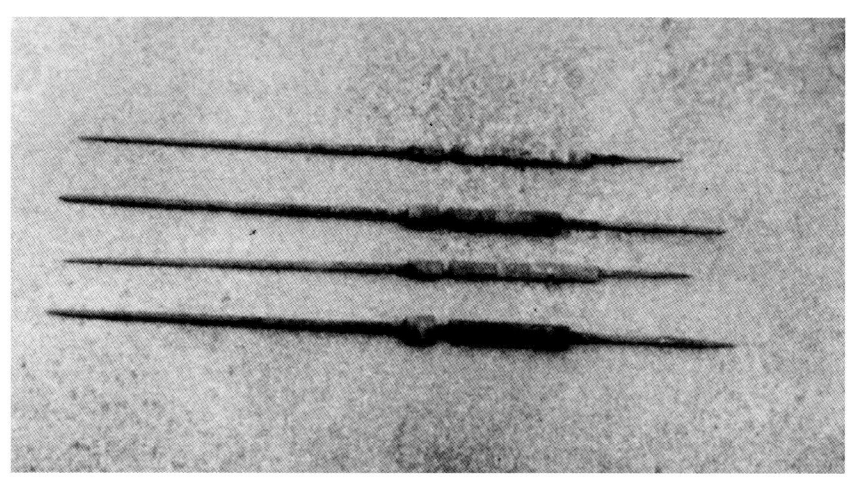

가락　물레로 실을 자을 때 사용되는 가락. 굵기 1㎝ 정도 되는 긴 쇠꼬챙이다. 흡사 창처럼 뾰족한 무기와 같다.

까지 죽이고 제압할 수 있는 절대적인 물건이다. 그러기에 쇠꼬챙이(가락)는 살기를 품은 무기(칼, 창)와 같아 산천이든 인간이든 귀신이든 제압하는 힘이 있다고 믿기에 시루 구멍에 가락이나 칼을 꽂는 것이다. 그리하면 시루 속에 있는 창귀의 기가 빠져 무기력해지고 아무런 용맹이 없어 힘을 못 쓰게 되는 것이다.

또한 가락은 그 돌아가는 특성 때문에 시루에 가락을 꽂을 경우 시루 속에 있는 창귀가, 가락이 제자리에서 맴돌듯 그 속에서 돌기만 하고 나오지 말라는 비유적인 뜻의 우회적이고 간접적인 제압의 뜻이 있는 반면, 무력(가락, 칼)으로 위압적인 위협을 가해 창귀를 직접 제압하는 방법도 쓴 것이다.

비극 예방 장례 행위 '호식총'

범은 사람을 잡아먹고 나서 머리를 남겨 두며 때로는 머리 외에 신체의 일부를 남기기도 한다. 그것을 유족이 발견하여 발견한 장소에서 화장하고 재만 남은 위에 돌무덤을 만들고, 그 위에 시루를 엎어 놓고 그 시루 구멍에 가락을 꽂아 놓는 특이한 형태의 무덤이 호식총이다.

무엇 때문에 이런 특이한 형태의 무덤을 만드는지 이에 대해 알아보았다. 그것을 간추리면 다음과 같다.

- 화장: 모든 사악함을 태워 완전 소멸시키고자 하는 뜻이 있고
- 돌무덤: 성황당 돌무덤이나 조산처럼 한 신성한 지역을 뜻하고, 귀신(창귀)을 꼼짝 못 하게 가두어 놓는 금역을 뜻하며
- 시루: 하늘을 뜻하고, 산 것을 죽이는 무서운 그릇이며, 철옹성같이 창귀를 가두는 뜻이 있고
- 가락: 무기를 뜻하고 벼락을 뜻하며, 가락의 용도처럼 맴돌기만 하고 빠져나오지 말라는 뜻이 있다.

위의 네 가지 요인이 복합적으로 작용하여 무서운 창귀를 제압하는 것이다. 창귀는 물귀신과 같이 다리를 놓는다. 다리(혹은 사다리)를 놓는다는 것은 다른 사람을 하나 집어넣고(잡아먹히게 하고) 자기는 그곳을 빠져나와 좋은 곳으로 가는 것을 말한다. 그러기 위해서 창귀는 또 다른 창귀를 만들어야 하고, 필연적으로 어느 누군가가 범에게 잡아먹혀야 된다는 것이다.

범에게 영원한 종(노예)으로 묶여 있는 창귀는 그 지옥 같은 곳을 빠져나오려 하고 살아 있는 사람들은 범에게 잡아먹히지 않으려고 애쓰는

데, 번번이 사람은 범에게 잡아먹혀 창귀의 다리 놓기에 걸려들게 되는 것이다. 그러한 다리 놓기의 악순환을 막고자 화장을 하고 돌무덤을 만들고 시루를 엎으며, 그 위에 가락을 꽂는 것이다.

화장을 하는 것은 모든 사악함을 태워 완전 소멸시키고자 하는 뜻이 담겨 있고, 그 위에 돌무덤을 만드는 것은 창귀를 꼼짝 못 하게 가두어 놓는 금역을 뜻하기도 하며, 호식되어 간 신성한 지역임을 의미하기도 한다. 돌무덤 위에 시루를 엎어 놓는 것은 하늘을 뜻하는 것이며, 철옹성같이 창귀를 가두는 의미와 살아 있는 것을 쪄서 죽이는 무서운 그릇의 의미가 있고, 그 시루 위에 가락을 꽂아 두는 것은 무기와 벼락을 뜻하기도 하며, 가락의 용도처럼 제자리에서 맴돌기만 하고 빠져나오지 못하게 하는 방액의 뜻이 있다고 보겠다.

창귀가 얼마나 무서웠으면 범 물어 간 집안과는 사돈을 맺지 않았을까? 창귀는 악독한 귀신이어서 사돈의 팔촌까지 찾아다니며 해코지한다고 한다. 그렇게 고약한 귀신이기에 이중삼중의 방벽으로 그 귀신에 의한 환난을 막고자 한 선인들의 처절한 생활의 단면을 보여주는 것이 바로 이 호식총인 것이다.

무기가 없는 인간에게 범은 신과 같은 존재다. 그러기에 호식을 숙명으로 받아들였고, 팔자소관으로 생각하면서도 또다시 이런 비극이 일어나지 않도록 막아보고자 하는 소박하면서도 애절한 생각이 '호식장례(虎食葬禮)'의 특이한 양식이 생겨나게 했으며, '호식총'이란 기이한 형태의 무덤을 만든 것이다.

풍수지리설이 호환에 미치는 영향

우리나라의 전통 집터는 배산임수(背山臨水)를 이루고 있다. 평야 지대를 제외한 산악지대에서는 거의 산 밑에 짓고 산다. 호식장을 조사하는 과정에서 호환을 당한 대다수의 집터가 전통적 배산임수의 산 밑 집이라는 것을 발견하고 혹시 풍수학에서 말하는 명당 터가 호환과 직간접적인 연관이 있지 않을까 하여 연구해 보았다.

풍수지리설의 기본 개념

풍수란 말은 '장풍득수(藏風得水)'의 준말이다. 사방이 산으로 둘러싸여 바람을 막아주며 앞쪽에 물이 있어야 한다는 명당의 기본 조건을 함축성 있게 줄인 말이다.

산을 '용'이라 하는데, 산맥이 구불구불하고 길게 뻗은 것이 용과 같다고 하여 그리 부른다. 그 용(산)이 끝나는 곳을 '혈장(穴場)'이라 하고, 묘나 집을 지은 앞을 '명당'이라 한다. 그 명당을 감싸고 있는 왼쪽의 산을 '좌청룡(左靑龍)'이라 하고, 오른쪽을 감싼 산을 '우백호(右白虎)'라 한다. '현무(玄武)'는 명당 뒤쪽, 즉 집이나 묘가 있는 뒤쪽의 약간 높은 산을 말하며, '주작(朱雀)'은 명당 앞에 별다른 산이 있어 앞쪽의 허전한 것을 막아주는 산이다.

이렇게 멀리 조산(祖山)[17]에서 뻗어 내린 산맥의 끝에 집을 짓거나 묘를 쓰게 되는 명당이 있는데, 그 명당을 사방에서 감싸안은 것을 '좌청룡 우백호 전주작 후현무'라 한다. 이러한 곳에 집을 짓거나 묘를 쓰면 산의 정기를 받아 후손이 발복하여 부귀하게 된다는 것이다. 옛사람들은 산맥을 살아 있는 나뭇가지나 어떠한 물형으로 보기도 하였다. 나뭇가지 끝에 꽃이 피듯 산 끝에 명당이 있다고 하였다.

서울의 경우 멀리 함경남도 추가령에서 뻗은 내룡(來龍, 산맥)이 북한산까지 이어졌고, 북악산에서 입도하여 경복궁의 명당을 이루었고, 인왕산이 우백호요, 창경원 쪽 산이 좌청룡이며 남산이 안산(案山)을 이루었고, 그 밖으로 큰 강이 흐르며 그 강 너머의 관악산이 조산(朝山)인 것이다. 서울은 국내에서도 가장 큰 형태의 명당이지만 대개 산악지대에서는 그 형국이 협소하고 단조로운 형태의 명당이 있을 뿐이다.

범의 습성

범은 다른 짐승과는 달리 산등으로 다니는 습성이 있다. 그것은 산에서 골짜기 쪽을 바라보며 먹이를 찾기 위해서다. 산에 올라서야 가시권이 넓어 멀리 볼 수 있고, 달아나는 먹이를 찾는 데도 지름길이 될 수 있기 때문이다.

---

17) 산줄기의 뿌리가 되는 산.

우리나라는 산악지대가 많아 구릉이 많으므로 이 땅에 사는 범은 그 지형을 잘 이용한 것 같다. 범이 사람을 잡아먹은 곳은 대개가 산등성이며 골짜기는 극히 드물다. 이것은 범이 먹이를 골짜기에서 잡아 자기가 좋아하는 등성이로 물고 와서 먹기 때문이다.

범은 골짜기를 싫어한다. 먹이를 쫓기 위해서나 물을 마시기 위해 골짜기로 내려가지만 오래 머물지 않고 산등성이로 올라온다. 범은 전망이 좋은 앞이 터진 높은 곳에 보금자리를 만든다. 그리고 산 능선으로 다니길 좋아한다.

호환터의 유형

산간마을에 사는 사람들은 풍수학에 대해 전혀 모르는 경우라도 바람과 추위를 피할 수 있는 곳에 집을 짓게 되는데, 보통 산 밑이며 좌우로 산이 감싸서 풍수학에서 말하는 기본 명당의 요건을 갖추고 있는 것을 볼 수 있다.

덕암 샘배이골의 호식터를 보면 먼 산에서 흘러온 산맥이 세 가닥으로 갈라지며 가운데 것은 혈장으로 내려오고 양쪽 것은 집터를 감싸는 형상으로, 풍수학에서 말하는 명당의 요건을 갖춘 곳이다. 집 뒤의 산에서 집 안을 노려보던 범이 사람을 물고 갔다.

답산가(踏山歌)에 보면 인방(寅方, 동북방)에 범이 엎드려 있는 형상의 바위가 집이나 묘터를 굽어보면 그 집안에 호환이 있게 된다고 하였다(寅方有伏虎岩 有子孫之虎傷). 상동 신대골의 호식터를 보면 인방에 큰 바위가 집을 내려다보고 있다. 그 바위에서 범이 집 쪽을 노려보다가 아이를 물어 갔다.

문곡 편뜰의 호식터는 형가(形家)에서 말하는 서조귀소형(瑞鳥歸巢形)의 명당 터인데, 집 옆 좌청룡이 되는 산에서 집을 내려다보던 범이 여아를 물어 간 것이다.

그 밖에 호식되어 간 터를 보면 거의가 풍수학에서 말하는 명당 터임을 알 수 있다.

호식터가 명당이다

호식터를 조사하여 그림으로 그려보니 풍수학에서 말하는 기본 명당의 요건과 거의 일치하는 것을 볼 수 있었다. 그래서 풍수학의 기본 명당이 호환당하기 적합한 곳이라는 결론에 접근 하기에 이르렀다.

범은 산등성이로 다니는 습성이 있고 사람은 그 산등성이가 끝나는 곳에 집 짓고 살기를 좋아하니, 범의 길목에 있는 인가는 습격 대상이 되는 것이다. 예를 든다면 '굴곡룡 명당도(109쪽 그림)'에서 보듯 태조산이나 중조산에 서식하는 범이 산등성이를 따라 내려오면 그곳(명당)에는 집이 있으니 범이 마음만 먹으면 사람을 해칠 수 있는 입지 조건을 갖춘 셈이다. 조선 시대 서울에 많은 범(특히 인왕산 호랑이)이 나타나 장안의 사람을 물어 간 예는 서울이 천하의 명당이긴 하지만 반대로 호환에 적합한 지형이기에 그러하다.

또 한 예로는 집이 있는 쪽으로 산줄기가 뻗어 있어 그곳에 올라서서 보면 집이 빤히 보이는 장소는 역시 그곳에서 범이 집 쪽으로 노려볼 수 있는 장소가 된다. 그래서 이러한 곳에 호환이 많은 것을 알 수 있다. 특이한 것은 평야 지대에서는 호환이 거의 없는 것과 산중 마을에서도 넓은 밭 가운데 있는 집에서는 호환을 당하는 예가 드물다. 이것은 범이 산등성이를 타고 다니기를 좋아하기에 그러하다.

"범이 사람을 잡아먹은 터가 명당"이라는 말이 있다. 범이 사람을 잡아먹은 곳은 대개 산 능선이니 풍수학에서 말하는 기룡혈(騎龍穴)이 이에 부합되는 것이다. 우리나라 묘지의 대부분이 산 능선에 있는 것을 봐도 알 수 있다.

또 다른 이유로는 호식되어 뜯어 먹힌 자리는 죽어서 갈 자리라는 생각이 지배적이다. 예컨대 안동 사람이 태백산으로 물려 와서 잡아먹혔다면 그곳이 죽어서 갈 자리라는 것이다. 죽어서 갈 숙명적인 자리로 선택된 죽음, 시신이 버려진 산등성이, 이런 것들이 호식터가 명당이라는 말을 낳지 않았나 생각한다.

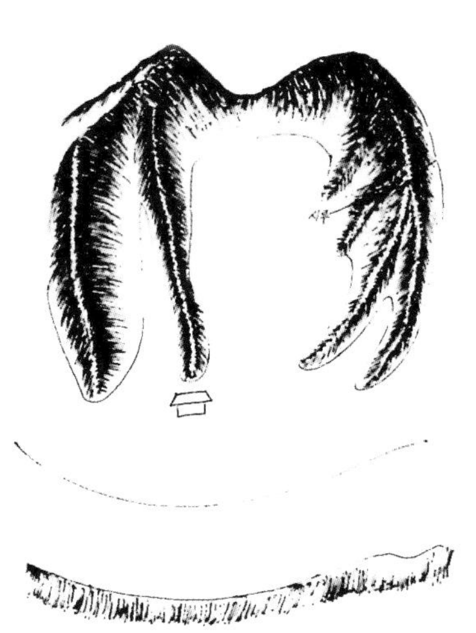

문곡 편뜰 호식터 (태백)

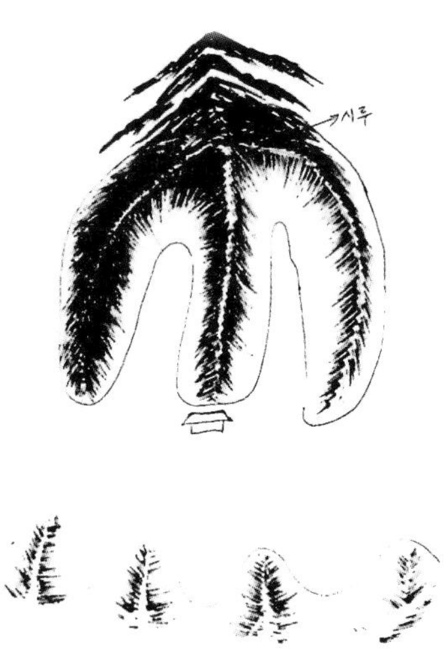

덕암 샘배이 호식터 (정선)

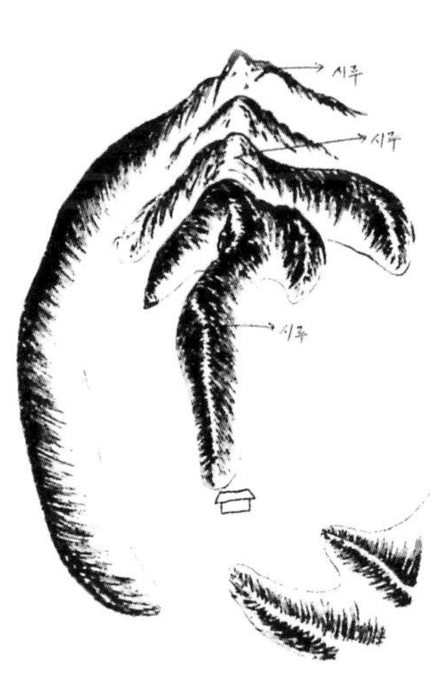

추동 바람부리 호식터 (삼척)

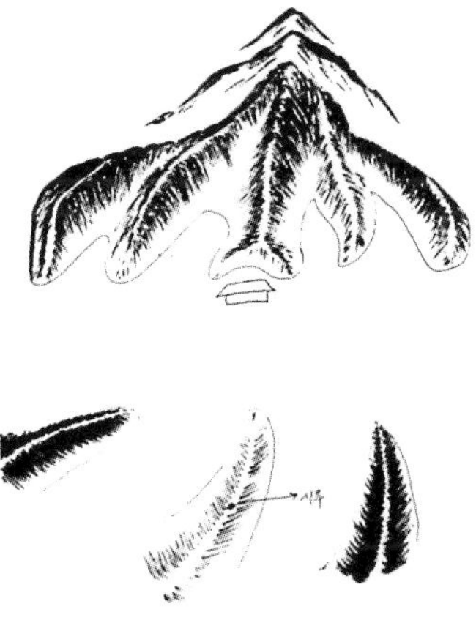

통리 부리끝 호식터 (태백)

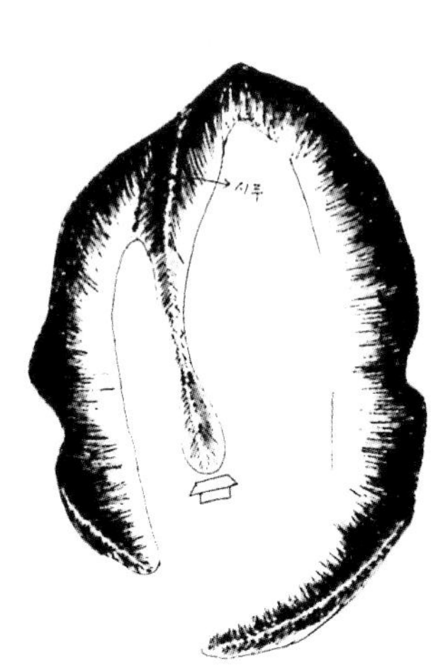

신리 전나무골 호식터 (삼척)

상동 신대골 호식터 (영월)

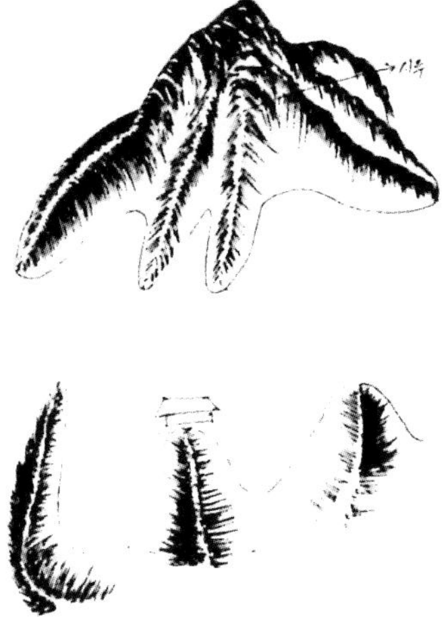

동점 사군다리 호식터 (태백)

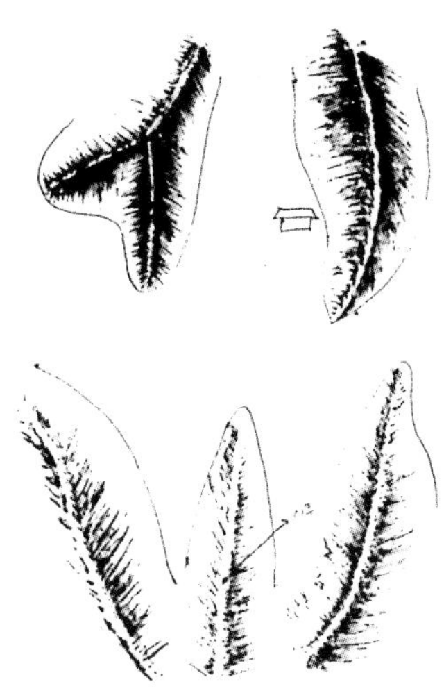

북동 재미골 호식터 (정선)

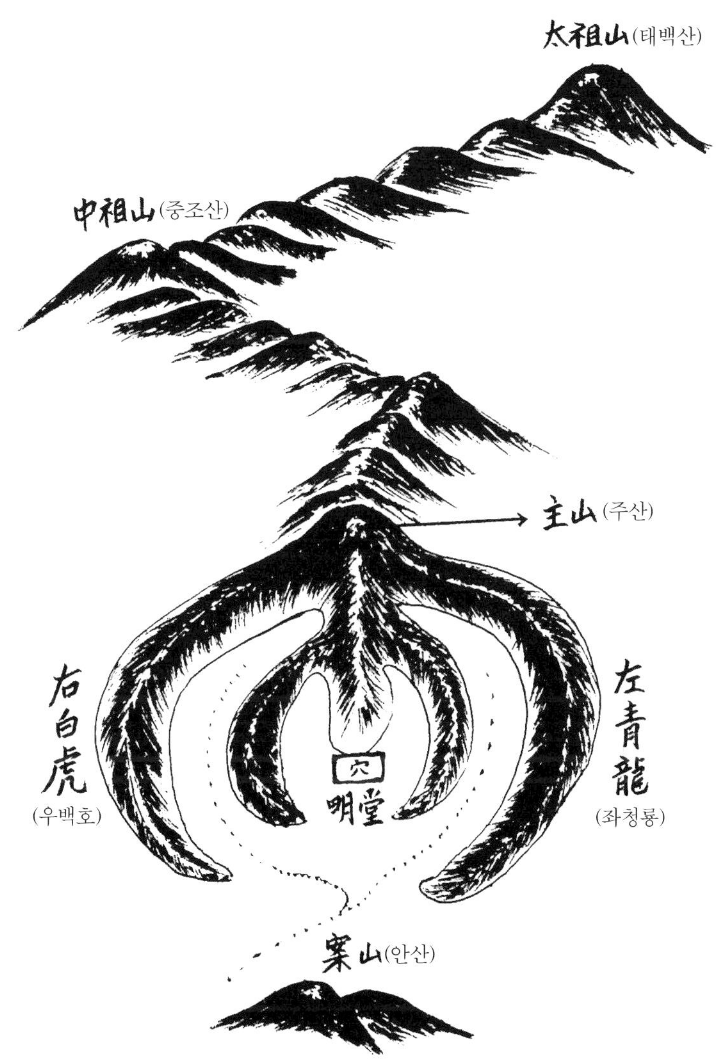

굴곡룡 명당도 우리나라의 대표적인 명당이다. 누구나 이런 곳을 찾아 조상의 묘를 쓰거나 집 짓기를 원한다.

호환의 극복

인간이 맨손으로는 범을 당해 낼 수 없다. 그래서 호환을 숙명적으로 받아들이며 그 상황을 감수해야만 했다. 그러나 인지(人智)가 발달함에 따라 사람들은 호환을 당하지 않기 위하여 여러 가지로 머리를 써서 범에게 당하는 피해를 최소한으로 줄이는 데 노력하고, 더 나아가 범을 잡아 죽이는 지경에 이르렀다. 그러나 아무리 범을 잡아 죽여도 사람들의 마음속에는 범을 산신으로 보는 것에는 변함이 없다. 그래서 일면으로는 범을 숭배하며, 일면으로는 범에게 대항해 범을 죽이기까지 하며 호환을 극복하였다.

호환의 예방

범에게 호환을 당하지 않기 위해서는 예방이 제일이다. 어두우면 밖에 나가지 않는다든가 혼자서 산길을 가지 않으며, 어린아이를 집에 혼자 내버려두지 않는 것 등등 주의를 게을리하지 않는 것이 상책이다. 그래도 범은 언제나 호시탐탐 사람을 노렸다.

산중 마을 사람들은 집 구조를 범이 침범치 못하게 꾸며 놓았다. 호망(虎網)이라든가 빗장 등을 쳐서 범이 집 안으로 들어오지 못하게 한다. 하지만 그것만으로는 어딘가 부족하여 안심이 덜 된다. 그래서 산에 기도하여 마을과 집안에 무사안전을 기원하는 '산맥이'라는 것이 산중 마을에는 있고, 그 기도(제사)를 소홀히 하면 산신이 노하여 호환이 생긴다고 한다.

인위적으로 보호물을 설치하여 호환을 예방하기도 하고, 산신에게 빌어 신의 힘으로 호환을 예방하기도 한다.

호망

굵은 밧줄로 망을 엮어 서까래에서 마당으로 늘어뜨려 범이 들어오지 못하게 한다. 바닷가가 가까운 곳에서는 고기 잡던 그물을 사용하기도 한다. 날이 밝으면 그물을 말아 올리고 해가 지면 그물을 내린다.

빗장

보통의 방문은 범이 머리로 박거나 앞발로 치면 그냥 부서져 버린다. 문이 부서지면 범이 방으로 들어와 사람을 물어 간다. 그래서 보통의 방문 안쪽이나 바깥쪽에 별도의 장치를 해서 범이 머리로 박거나 앞발로 쳐도 끄떡없게 하는 '빗장'이라 하는 것이 있다.

빗장은 두꺼운 나무판자를 문 안쪽이나 바깥쪽에 별도의 홈을 내어 거기에 끼우게 되는 이중문 역할을 하는 것이다. 낮에는 그 빗장을 빼내어 방 안이 밝게 하고, 밤이면 빗장을 끼워 범이 못 들어오게 한다. 지금도 태백산 산중 마을에는 그 빗장의 흔적이 남아 있는 집들이 많다.

참나무 장작발

빗장은 끼웠다 뺐다 하는 번거로운 시설이기에 좀 더 간편하게 하기 위해 참나무 장작발을 쳐두는 경우도 있다. 직경 5~10cm쯤 되는 참나무를 베어 와 방문보다 길게 끊어 발(簾)처럼 엮어 문 밖에 쳐 놓으면 범이 들어오지 못한다.

참나무 장작발은 방문보다 양옆으로 두 뼘 정도 더 길게 만들어 문 위쪽에 못을 박고 발을 매어 늘어뜨리고 아랫부분을 문 아래 중방에 고정시켰다가 날이 밝으면 문 위로 말아 올린다.

산멕이

범이 집으로 들어오지 못하게 빗장이라든가 호망, 참나무 장작발 등을 설치하여 호환을 막고자 하나 그것만으로는 뭔가 부족하고 안심이 덜 되는 것이 사람의 마음이다. 그래서 연간 날을 잡아 '산멕이'라 하여 산에 제사를 올리며 호환의 예방을 기원하는 것이다. 범을 산신으로 모시고 근신하며 기도하고 제사함으로써 범에게 환난당하지 않는다고 믿는 것이다.

흔히 산을 위한다고 하는 것은 신격화되지 않은 산 그 자체로 보지만 그 표면에는 범이라는 막강한 존재가 신의 자리를 차지하고 있는 것이다.

'산멕이'를 하는 것은 산신(산군, 범)에게 미리 굴복하여 산신의 심기를 건드리지 않는다는 뜻이 있고, 산신의 마음을 흐뭇하게 하여 호환의 화를 면해 보려는 것이다. 물론 산신(인격화된 신)에게 기도하여 그 사자나 호위자에 해당되는 범이 해코지 못 하도록 해달라는 뜻도 되겠으나, 실지 산중 마을에서는 산신과 범을 이원화해서 보지 않는 것이 통례다.

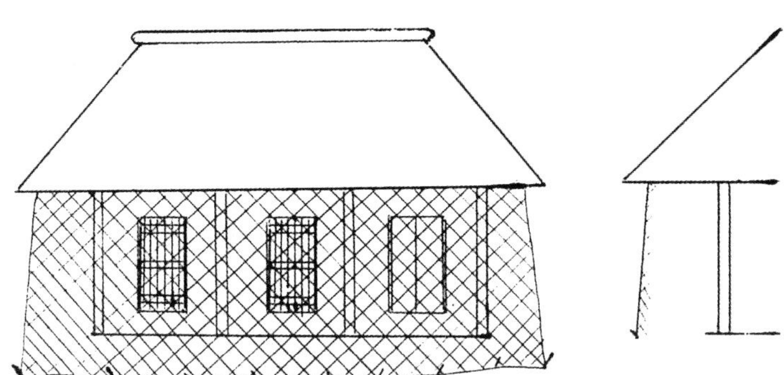

호망 범이 들어오지 못하게 그물을 쳐 놓았다.

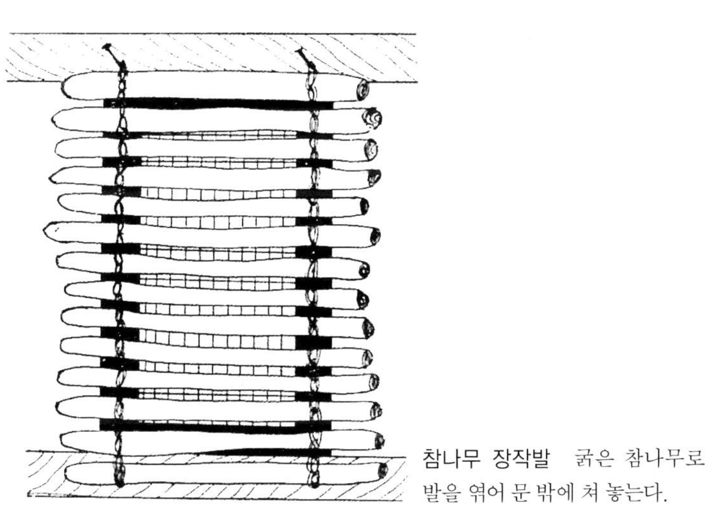

참나무 장작발 굵은 참나무로 발을 엮어 문 밖에 쳐 놓는다.

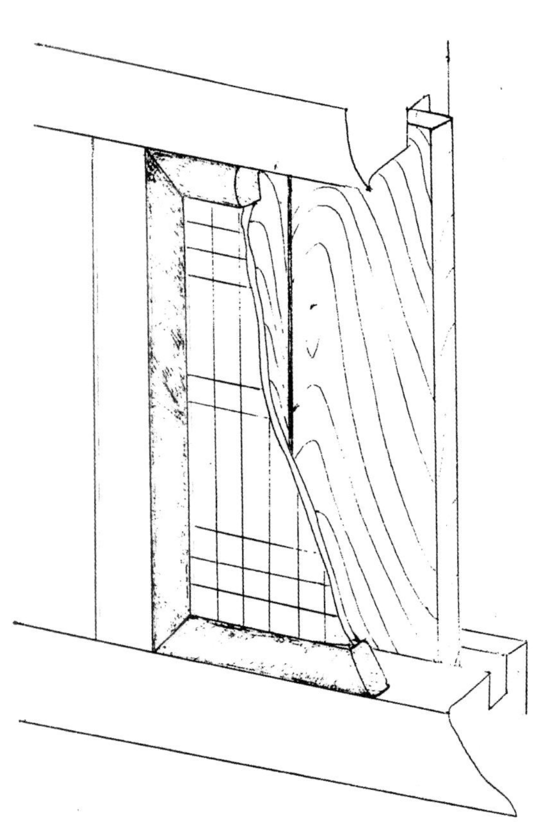

빗장 범이 들어오지 못하게 이중문 장치를 하였다. 두꺼운 판자로 문 안쪽이나 바깥
쪽에 끼운다.

범 사냥

무기가 없는 사람에게 범은 숙명적 먹이 사슬의 전횡자(專橫者)이며 신이나 다름없는 절대자이다. 하지만 사람에게 총이 생기면서 사람의 힘은 만 배나 세어졌다고 한다. 손가락 하나 살짝 움직이는 힘으로 커다란 코끼리도 죽게 만드니 말이다.

사람이 호환을 당하지 않기 위하여 예방과 산멕이를 하기도 하지만 인지가 발달함에 더 나아가 아예 그 화근인 범을 잡아 죽인다면 이보다 더 좋은 호환의 극복은 없을 것이다. 이 땅의 모든 범을 잡아 죽인다면 호식이니 호환이니 하는 일은 없을 테니 말이다.

대개 사람을 공격하는 범은 늙었거나 상처를 입은 것들이 많다. 사람들은 범을 잡기 위해 기발한 방법을 다 동원하였으니,『오주연문장전산고』‘사호변증설’에는 범을 잡는 아홉 가지 방법이 나온다.

첫째는 활로 쏴서 잡는 것이며, 둘째는 창으로 찔러 잡고, 셋째는 쇠몽둥이로 두들겨 잡고, 넷째는 함정을 파서 잡고, 다섯째는 아교를 뿌려 범의 발에 붙게 하여 잡고, 여섯째는 총(화포)으로 쏴서 잡고, 일곱째는 송애칼(송이칼, 손오칼)을 설치하여 잡고, 여덟째는 무쇠 장갑을 끼고 범이 물려고 할 때 범의 입으로 집어넣어 범이 덥석 물게 되면 그때 범의 혀를 거머쥐고 다른 손의 칼로 급소를 찔러 잡으며, 아홉째는 산초나무를 태워 그 연기를 범이 맡게 하면 범의 털이 빠지고 피부가 썩어 죽는다고 하였다(一曰射 二曰鎗 三曰椎 四曰穽 五曰膠 六曰銃 七曰弩 八曰鉤 九曰熏 此搏虎之九術也).

구한말 이후 신무화기(新式火器)가 많이 들어와 위의 아홉 가지 방법 말고 간단히 범을 총으로 쏴서 잡는 바람에 이 땅에 범은 거의 씨가 말라 버렸고, 호식이니 호환이니 하는 말도 사라지게 되었다. 여기에서는

예전에 총이 없던 민간인들이 원시적인 방법으로 범을 잡던 몇 가지를
알아본다.

덫

덫은 '쬐기' 또는 '철포'라고도 한다. 반달처럼 생긴 쇠에 성크런 쇠 이
빨이 솟아 있는 두 쪽의 쇠를 벌려 놓아 범이 밟으면 발목이 치이게 된
다. 덫을 설치하고 그 위에 흙을 살짝 덮고 가랑잎 등을 뿌려 놓으면 범
이 모르고 밟는다.

송애칼(송이칼, 손오칼)

길이 50cm 정도 되는 칼이다. 흡사 낫처럼 생겼는데 구부정하게 휘
어 있는 칼이다. 다래 넝쿨 같은 것을 틀어서 송애칼을 메워 놓는다. 범
이 지나가다 튕김 줄을 건들면 송애칼이 튀며 범의 허리나 배를 쳐서 끊
어 버린다. 범이 다니는 길목에 설치하며, 주위에 위험 표시를 한다.

갈티

굵은 통나무를 베어 바닥에 하나 깔고 하나는 비스듬히 세우고 구멍
을 파서 걸개를 한다. 범이 지나가다 걸개 줄을 건들면 비스듬히 서있던
통나무가 내려오며 범을 치어버린다.

양티

굵은 뽕나무를 베어 네 기둥 위에 올려놓고 걸개 줄을 가로질러 놓는
다. 그리고 길 양쪽에 말뚝을 박아 다른 데로 가지 못하게 한다. 범이 지
나가다 그 걸개 줄을 건들면 굵은 통나무가 내려쳐서 죽는다. 멧돼지도
걸리고 기타 여러 짐승도 걸려든다.

벼락틀

굵은 통나무를 베어 뗏목처럼 만들어 45도 경사로 세운 뒤 버팀목으로 받쳐 놓고 그 위에 돌이나 통나무를 많이 올려놓고 칡넝쿨 등으로 묶어 놓는다. 그리고 그 밑에 고깃덩이나 뼈 등을 매어 달아 놓으면 범이 그 먹이를 먹으려고 물고 당기면 버팀목이 빠지며 틀이 내려앉아 압살되고 만다.

회질구뎅이(함정, 허방다리)

범이 다니는 길목에 5~6m 깊이의 구덩이를 파고 바닥에 나무를 뽀족이 깎아 박아 놓는다. 나무를 뽀족이 깎아 바닥에 박는 대신 통나무를 X 자로 세워놓기도 한다. 구덩이 넓이는 4m 정도이며, 그 위를 가는 나무로 얼기설기 가로질러 놓고 풀을 깐 다음 흙을 살짝 덮어 놓는다. 지나가던 범이 빠지면 나오지 못한다. 또는 함정을 좁게 판 다음 그 속에 돼지 새끼나 염소 등을 집어넣어 놓으면 범이 들어간 다음 나오지 못한다.

고사(告祀)

덫을 놓는다, 송애칼을 설치한다 해도 범을 잡기는 힘들다. 그 날쌔고 용맹한 범이 덫이나 함정에 빠지는 것도 신의 조화로 이루어지는 것이고, 사람이 설치하는 각종 틀만으로는 안 된다는 생각이 지배적이다. 벼락틀을 설치해 놔도 영험한 범이 다 알고 있기에 절대로 치이지 않는다는 것이다. 어쩌다 치이는 범은 신으로부터 버림받은 것이라 한다.

50여 년 전 태백시 동점동에 밤마다 범이 나타나 작폐를 하는데, 동네에 가축이 남아나는 것이 없었다. 경북 봉화군의 석포, 대현 등지와 강원도 태백시 동점동 등 인근 40여 리의 마을이 모두 피해를 입었다. 동네의 개와 돼지는 물론 송아지까지 물어 가고, 솔고개에서는 시집갈 나이의

다 큰 처녀를 물어 가 잡아먹었다. 동네 어른들이 모여 회의를 한 결과 산신의 탈이라 하여 연화봉 산제당에 고사를 하였으나 범의 작폐는 계속되었다. 하는 수 없이 마을 어른들이 모여 다시 회의를 한 끝에 이 일은 산신께 빌어 될 일이 아니니 천제를 올려 봄이 옳을 듯하다 하여 연화봉 위쪽에 있는 천제단에 올라가 천제를 올렸다. 정성껏 술을 빚고 소를 잡아 고사를 올린 후로는 범의 작폐가 없어져 버렸다. 마을 사람들은 신통하게 생각하고 천제의 효험을 믿으며 한숨을 돌리게 되었다.

몇 달 후, 마을 사람이 마을에서 20여 리 정도 떨어진 해심이골에 나물 뜯으러 가니 벼락틀이 튀었는데 범이 치어 죽어 가죽만 남고 썩어버린 것을 발견했다. 그 벼락틀은 멧돼지를 잡으려고 설치한 틀로서 다 썩은 소 뼈다귀를 매어 달아놨는데 그 범이 뭐 먹을 것이 없어 다 썩어 살도 한 점 안 붙어 있는 뼈다귀를 먹으려 물고 당기다가 치어 죽은 것이다. 비슷한 시기에 전부남터의 돼지틀에도 또 한 마리의 범이 치어 죽어 버렸다.

마을 사람들이 말하길 그 범들은 신의 벌을 받아 죽은 것이라 했다. 벼락틀에 치어 죽을 범이 아닌데 치인 것은 신이 그 범을 버린 것이라는 것이다. 범도 인축(人畜)에 이유 없이 해를 주면 신이 버린다. 동점동의 경우는 산신에게 빌어도 안 되니 그보다 더 높은 천신에게 빌어 산신을 징계한 것이라 본다. 동점동 연화봉의 천제단은 산 위에 있고, 산 아래에는 산제당이 있다. 여기에서도 범은 산신의 사자나 호위자가 아니라 그 자체인 것으로 볼 수 있다.

범을 잡는 데도 순수하게 사람의 힘만으로는 되지 않으며 신의 힘이 있어야 한다는 것이다. 범을 잡는 틀은 사람이 설치하지만 그 틀에 범이 치이도록 유도하는 것은 사람의 힘이 아니라 보이지 않는 그 어떤 신의 힘이 작용해야 한다고 믿는 것이다.

양티 짐승을 잡기 위해 설치한 틀. 돼지든 범이든 노루든 들어가면 죽는다. 틀이 썩
어 내려앉았다.

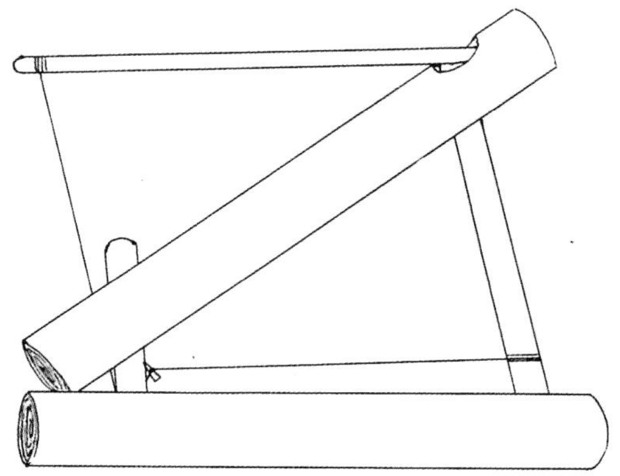

갈티 줄을 건드리면 위의 통나무가 내려와 치인다.

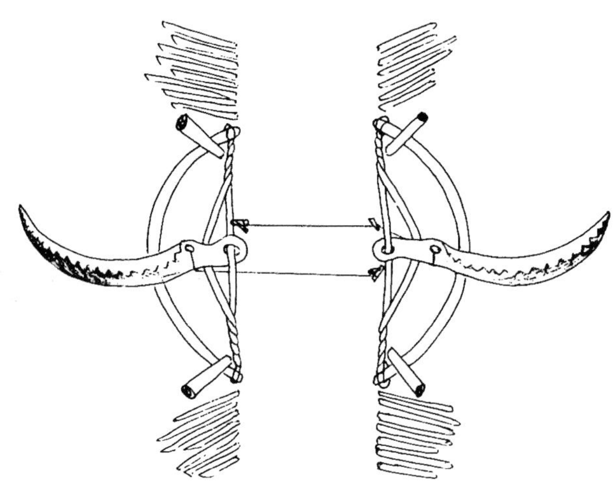

송애칼(송이칼, 손오칼) 짐승이 지나가다가 튕김 줄을 건드리면 칼이 튀며 짐승의 허리를 자른다.

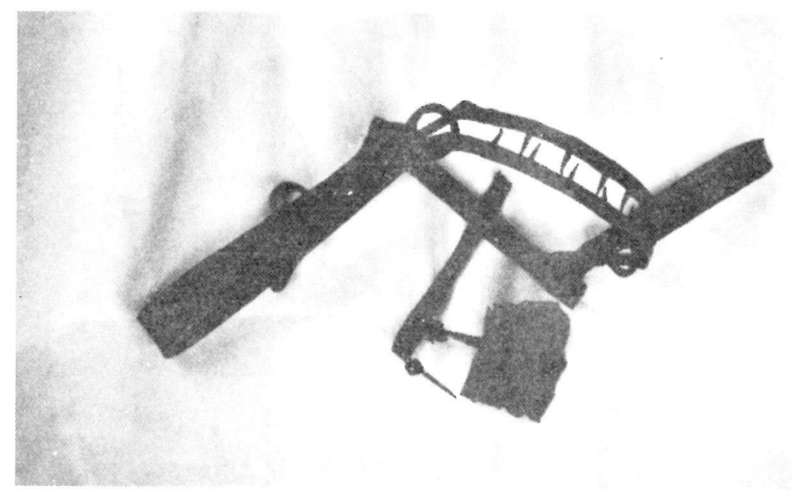

덫 범이나 곰, 돼지 등을 잡을 때 쓰는 덫. 성크런 이빨이 발목에 들어가면 뼈를 부순다. 길이 1m 정도.

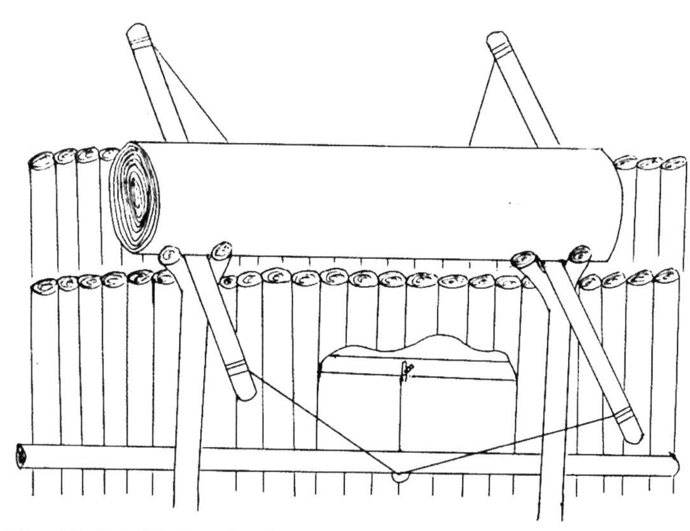

양티 짐승이 들어가면 못 나온다.

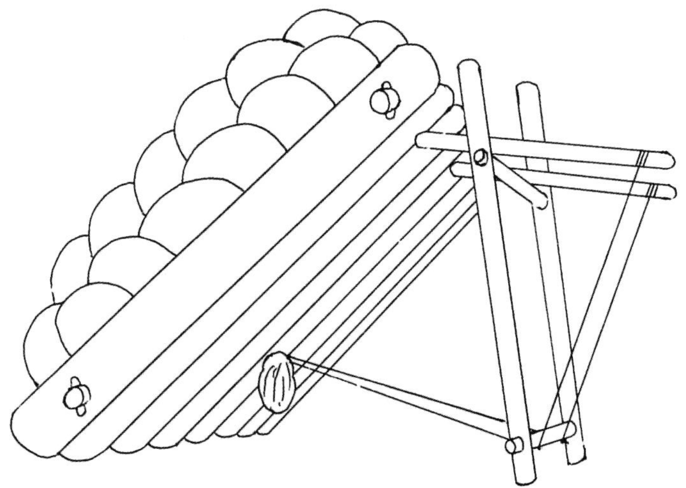

벼락틀　먹이를 건들면 틀이 내려앉아 압살된다.

참고 및 인용 도서

박지원,『연암집(燕巖集)』

조재삼,『송남잡식(松南雜識)』

이수광,『지봉유설(芝峰類說)』

이　익,『성호사설(星湖僿說)』

이규경,『오주연문장전산고(五洲衍文長箋散稿)』

홍석모,『동국세시기(東國歲時記)』

김매순,『열양세시기(洌陽歲時記)』

권　기,『영가지(永嘉誌)』

일　연,『삼국유사(三國遺事)』

김호근·윤열수 엮음,『한국 호랑이』

손진태,『조선민속(朝鮮民俗)』

아키바 다카시(秋葉隆),『조선민속지(朝鮮民俗誌)』

요네우치 야마타츠오(米內山庸夫),『몽골초원(蒙古草原)』

이가원·장삼식,『한자대전(漢字大典)』

홍만종,『해동이적(海東異蹟)』

도　목,『청우기담(聽雨記談)』

이시진,『본초강목(本草綱目)』

노　자,『도덕경(道德經)』

주한 프랑스문화원,『격동의 구한말 역사의 현장』

『동국여지승람(東國輿地勝覽)』

『증보문헌비고(增補文獻備考)』

『태종실록(太宗實錄)』

『중종실록(中宗實錄)』

『영조실록(英祖實錄)』

『역경(易經)』

『시경(詩經)』

『청오경(靑烏經)』

「답산가(踏山歌)」

호식장 조사에 대담하여 도움 주신 분

* 약 45년 전 호식장 조사에 참여, 대담해 주신 분들을 감사하는 뜻에서 여기에 싣는다.

천몽근(千夢根, 80 기유(己酉)), 태백시 동점동 1-7

박도삼(朴道三, 80 기유(己酉)), 태백시 금천동 6-1

정정수(鄭正守, 78 신해(辛亥)), 태백시 금천동 6-1

장윤석(張允石, 78 신해(辛亥)), 태백시 황지 1동 1-3

장수원(張守元, 81 무신(戊申)), 태백시 연화동 소란

심원백(沈元伯, 77 임자(壬子)), 태백시 문곡동 6-1

김복수(金福守, 68 신유(辛酉)), 태백시 장성동 6-1

이재경(李在敬, 81 무신(戊申)), 태백시 화전 1동 9 창죽

천명옥(千命玉, 63 병인(丙寅)), 태백시 화전 2동 5-4

정연식(鄭然式, 78 신해(辛亥)), 태백시 동점동 1-6

김규호(女, 54 을해(乙亥)), 태백시 철암 1동 1-6

천영자(千英子, 女, 60 기사(己巳)), 태백시 철암 1동 1-5

우수암(禹守岩, 86 계묘(癸卯)), 태백시 소도동 11-2

심상운(沈相運, 55 갑술(甲戌)), 태백시 동점동 7-3

박성희(朴星熙, 83 갑오(丙午)), 정선군 동면 북동리 3반

최돈열(崔燉烈, 69 경신(庚申)), 정선군 동면 화암리(좌사리)

이규련(李桂蓮, 女, 64 을축(乙丑)), 정선군 동면 북동리 3반

배사원(裵土元, 67 임술(壬戌)), 정선군 동면 화암 3리 1반

신학묵(80 기유(己酉)), 정선군 남면 약동 3리

장헌진(張憲鎭, 75 갑인(甲寅)), 삼척군 원덕읍 축천 1리 4반

김연혁(金演赫, 73 병진(丙辰)), 삼척군 원덕읍 축천 2리 4반(북다랭이골)

정범모(鄭範謨, 80 기유(己酉)), 삼척군 원덕읍 축천 2리 4반

정영복(鄭永福, 83 병오(丙午)), 횡성군 갑천면 상대리 2반

강월매(姜月梅, 女, 81 무신(戊申)), 영월군 상동읍 구래 14리

김도길(金道吉, 80 을유(乙酉)), 영월군 상동읍 강동리

김낭이(金娘伊, 女, 74 을묘(乙卯)), 영월군 상동읍 강동리

방금운(方金雲, 女, 74 을묘(乙卯)), 영월군 상동읍 구래 15리

김달수(金達洙, 54 을해(乙亥)), 봉화군 석포면 대현 3리 11반

전화자(田花子, 女, 52 정축(丁丑)), 봉화군 석포면 승부리 7반

노경택(盧京澤, 60 기사(己巳)), 봉화군 석포면 승부리 마무이

남순호(南淳鎬, 62 정묘(丁卯)), 봉화군 소천면 분천리 각금

주진동(朱振童, 68 신유(辛酉)), 울진군 서면 전곡리 전내

김옥금(金玉金, 女, 72 정사(丁巳)), 울진군 서면 전곡리 원곡

방순극(方順極, 70 기미(己未)), 울진군 서면 전곡리 원곡

권윤섭(權潤燮, 74 을묘(乙卯)), 정선군 남면 광덕 1리

조봉운(趙鳳雲, 70 을미(己未)), 정선군 남면 무릉 1리 3반

박태업(朴泰業, 75 갑인(甲寅)), 정선군 남면 무릉 2리 2반

최간난(女, 64 을축(乙丑)), 정선군 남면 증산리 4반

안지호(女, 71 무오(戊午)), 정선군 임계면 덕암리 6반

손원자(孫元子, 女, 74 을묘(乙卯)), 삼척군 하장면 추동리 4반

이도홍(李道弘, 57 임신(壬申)), 삼척군 도계읍 신리 3반

강봉문(姜鳳文, 77 임자(壬子)), 삼척군 도계읍 신리 5반

김용배(金龍培, 51 무인(戊寅)), 삼척군 도계읍 신리 5반

장복남(張福男, 女, 52 정축(丁丑)), 삼척군 도계읍 구사리 2반

김재옥(金在玉, 女, 67 임술(壬戌)), 삼척군 미로면 하사전리 2반

김병우(金丙雨, 61 무진(戊辰)), 삼척군 도계읍 마차리 연화곡

김동수(金東洙, 65 갑자(甲子)), 삼척군 원덕읍 기곡 1리 5반

최영희(崔永熙, 78 신해(辛亥)), 삼척군 원덕읍 기곡 1리 5반

정연봉(鄭然鳳, 64 을축(乙丑)), 삼척군 가곡면 탕곡리 4반

민병국(閔丙國, 88 신술(辛戌)), 삼척군 가곡면 탕곡리 4반

김순하(金淳河, 69 병신(庚申)), 삼척군 가곡면 오목리 1반

진봉선(秦鳳仙, 女, 67 임술(壬戌)), 삼척군 도계읍 도원동 8반

빛깔있는 책들 101-40

호식장

초판 1쇄 인쇄 | 2026년 3월 10일
초판 1쇄 발행 | 2026년 3월 25일

글·사진 | 김강산

발행인 | 김남석
발행처 | ㈜대원사
주   소 | (06339) 서울시 강남구 개포로 140길 32 원효빌딩 B1
전   화 | (02)757-6711, 6717
팩   스 | (02)775-8043
등록번호 | 제3-191호
홈페이지 | http://www.daewonsa.co.kr

값 15,000원

ⓒ 김강산, 2026

이 책에 실린 글과 사진은 저자와 주식회사 대원사의 동의 없이는
아무도 이용할 수 없습니다.

Daewonsa Publishing Co., Ltd.
Printed in Korea(2026)

ISBN | 978-89-369-2321-1
      978-89-369-0000-7 (세트)

빛깔있는 책들

민속(분류번호:101)

고미술(분류번호:102)

불교 문화(분류번호:103)

음식 일반(분류번호:201)